吴德义　李永杨　刘杭杭　吴少璟　著

深部巷道

复杂地质条件锚杆（索）支护机理及应用

U0235473

化学工业出版社

·北京·

内容简介

复杂地质条件深部巷道广泛采用锚杆（索）支护。本书针对安徽两淮矿区工程实际，分析了锚杆（索）支护机理以及稳定性判别方法，确定了锚杆（索）支护合理参数选择的一般方法，并应用于工程实际，取得了明显效果。本书的主要内容可概括为以下几个方面：深部软岩巷道预应力锚杆压缩拱合理承载机制及影响因素分析，深部软岩巷道预应力锚索加固围岩分析，深部软岩巷道预应力锚杆（索）合理支护参数选择，深部软岩巷道预应力锚杆压缩拱内外围岩稳定及组合支护参数选择合理性现场监测。

本书可为从事地下工程方面工作和研究的技术人员、科研人员、教师及学生提供参考。

图书在版编目（CIP）数据

深部巷道复杂地质条件锚杆（索）支护机理及应用／吴德义等著. —北京：化学工业出版社，2021.12

ISBN 978-7-122-39955-7

Ⅰ．①深… Ⅱ．①吴… Ⅲ．①巷道支护-研究

Ⅳ．①TD353

中国版本图书馆 CIP 数据核字（2021）第 195008 号

责任编辑：毕小山　　　　　　　　　文字编辑：吴开亮
责任校对：刘曦阳　　　　　　　　　装帧设计：刘丽华

出版发行：化学工业出版社（北京市东城区青年湖南街 13 号　邮政编码 100011）
印　　装：北京虎彩文化传播有限公司
880mm×1230mm　1/32　印张 5¾　字数 137 千字
2021 年 12 月北京第 1 版第 1 次印刷

购书咨询：010-64518888　　　　　　售后服务：010-64518899
网　　址：http://www.cip.com.cn
凡购买本书，如有缺损质量问题，本社销售中心负责调换。

定　　价：68.00 元

前　言

安徽两淮矿区以及全国其他诸多矿区深部巷道地质条件复杂多变，巷道支护形式及参数应随巷道围岩地质条件变化做相应调整，在巷道围岩保持稳定的基础上保证支护成本最低。锚杆（索）作为主要支护形式在深部巷道支护中已得到广泛应用，根据深部巷道不同围岩岩性分析锚杆（索）支护机理，在此基础上选择合理锚杆（索）支护参数，做到随巷道围岩岩性变形及时调整支护锚杆（索）支护参数有广泛工程应用背景，可以保证深部巷道安全高效快速掘进。为此，作者申报了国家自然科学基金项目《深部煤岩稳定性量化判别研究》（编号51374009）以及《深部煤巷帮部预应力锚索压缩拱合理承载机制及计算理论研究》（编号51674005）并获批，开展了深部巷道锚杆（索）支护机理研究，并确定了不同地质条件锚杆（索）支护参数选择的一般方法。为将成果应用于工程实际，本书作者与淮北矿业股份有限公司合作开展了有关应用技术研究，达到了预期效果，取得了显著的经济效益和社会效益。

本书由安徽建筑大学吴德义教授、安徽建筑大学设计研究总院有限公司李永杨高级工程师、安徽省建筑科学研究设计院刘杭杭高级工程师、阳光新能源开发有限公司吴少璟根据多年研究成果撰写而成。吴德义教授负责第1章、第6章撰写及全书统稿，李永杨高级工程师负责第3章及第4章的部分章节撰写，刘杭杭高级工程师负责第2章及第4章的部分章节撰写，吴少璟负责第5章撰写。在此，感谢淮北矿业股份有限公司提供的现场试验场地，感谢安徽建筑大学建筑健康监测与灾害预防国家地方联合工程实验室提供的实验室实验场地，感谢国家自然科学基金项目（51374009、51674005）等提供的资助！

感谢安徽建筑大学有关部门及领导给予的关心和帮助!

作者在本书撰写过程中参考了有关文献,在此向文献作者表示衷心的感谢!

由于作者水平有限,书中难免存在不足之处,恳请广大读者批评指正。

作者

2021 年 5 月

目　录

第1章　绪论 / 001

　1.1　研究背景 / 002

　1.2　研究现状 / 003

　1.3　研究内容及技术路线 / 005

　1.3.1　研究内容 / 006

　1.3.2　研究技术路线 / 006

第2章　深部巷道围岩稳定性早期判别及工程监测 / 009

　2.1　巷道围岩变形随时间变化规律分析 / 010

　2.2　基于深部软弱围岩二次蠕变特征的稳定性判据 / 016

　**2.3　基于二次蠕变速度衰减系数的深部软弱围岩稳定性工程
　　　判别** / 021

　2.4　深部岩巷锚杆（索）支护合理性评价 / 023

第3章　工程概况与工程实测 / 027

　3.1　工程概况 / 028

　3.1.1　西翼采区地质特征 / 028

　3.1.2　西翼回风大巷地质概况 / 028

　3.1.3　西翼运输大巷地质概况 / 031

　3.2　西翼回风大巷及运输大巷不同地质条件支护形式 / 034

　3.3　巷道围岩力学性质测定 / 036

第 4 章　袁店二矿西翼回风大巷合理支护形式及参数选择 / 043

4.1　数值模拟方法简介 / 044
4.1.1　FLAC3D 软件介绍 / 044
4.1.2　模型的范围与网格划分 / 046
4.1.3　本构模型 / 047
4.1.4　边界条件 / 048
4.1.5　锚杆（索）的模拟过程 / 049

4.2　不同岩性巷道围岩变形破碎随埋深变化 / 050
4.2.1　围岩变形破碎数值计算模型 / 050
4.2.2　不同岩性巷道围岩松动破碎范围随埋深变化 / 051
4.2.3　数值计算结果及分析 / 051

4.3　不同锚杆支护参数围岩松动破碎分析 / 088
4.3.1　锚杆长度 / 088
4.3.2　锚杆间排距 / 096
4.3.3　关键部位加锚索 / 100

4.4　不同围岩岩性直墙半圆拱巷道合理支护参数选择及稳定性判别 / 104
4.4.1　泥质砂岩直墙半圆拱巷道合理支护参数选择 / 104
4.4.2　砂质泥岩直墙半圆拱巷道合理支护参数选择 / 104
4.4.3　泥岩直墙半圆拱巷道合理支护参数选择 / 104

4.5　巷道围岩稳定性判别 / 106

第 5 章　袁店二矿西翼回风大巷及运输大巷断层破碎带合理支护形式及参数选择 / 109

5.1　支护条件巷道围岩松动破碎变形特征 / 110

5.1.1　支护围岩附加应力分析 / 110

5.1.2　支护围岩松动破碎变形 / 114

5.2　锚杆支护参数对围岩附加应力分布影响 / 115

5.2.1　锚杆间排距对围岩附加应力分布影响 / 115

5.2.2　锚杆长度对围岩附加应力分布影响 / 123

5.2.3　锚杆预紧力对围岩附加应力分布影响 / 131

5.3　预应力锚索支护参数对预应力锚杆压缩拱的影响 / 139

5.3.1　预应力锚索长度 / 139

5.3.2　锚索预紧力 / 150

5.4　预应力锚杆压缩拱形成及承载 / 158

5.5　断层破碎带合理支护形式及参数选择 / 159

5.5.1　数值计算模型 / 159

5.5.2　数值计算结果 / 160

5.6　预应力锚杆（索）支护围岩稳定性早期判别 / 166

第6章　结论 / 169

**6.1　直墙半圆拱巷道不同岩性围岩松动破碎变形及合理支护
研究方面 / 170**

6.1.1　直墙半圆拱巷道不同岩性围岩松动破碎变形 / 170

6.1.2　不同岩性直墙半圆拱巷道合理支护研究 / 170

**6.2　直墙半圆拱巷道及圆形巷道断层破碎带预应力锚杆
（索）合理支护研究方面 / 172**

**6.3　直墙半圆拱巷道及圆形巷道围岩稳定性及支护合理性研
究方面 / 173**

参考文献 / 174

第 **1** 章

绪论

1.1 研究背景

淮北矿区采掘接替紧张，巷道快速掘进具有工程实际意义。巷道支护作为掘进的主要工序，采用合理的支护工艺保持巷道稳定已成为巷道快速施工的前提。随着淮北矿区煤矿开采深度的增加，煤炭赋存条件日趋复杂，巷道压力显现日趋激烈，巷道围岩岩性复杂多变。相当一部分巷道布置在岩石松软、变形剧烈的岩体、煤体或半煤岩体中，巷道围岩变形难以保持稳定，前掘后翻现象普遍存在，严重影响巷道掘进速度。采用合理的巷道支护形式与参数保证深部巷道围岩变形稳定已经成为煤炭开采能顺利进行的关键。巷道支护已成为煤矿安全高效开采的瓶颈。深部巷道围岩变形有其规律性，采用科学合理的方法研究软岩巷道围岩变形规律进而有依据地选择合理的支护形式和参数保持围岩变形稳定在淮北矿区、安徽省以至全国其他矿区有广泛推广使用的价值。深部巷道支护必须随围岩赋存条件频繁变化而做及时调整，否则会由于围岩变形"失稳"而形成安全隐患或围岩变形"过于"稳定而造成支护上的浪费。应在围岩变形初期即对围岩稳定进行早期判别，对有"失稳"倾向的巷道进行及时二次支护，避免巷道变形后期"失稳"进行修复而造成的浪费。对深部岩巷围岩稳定性进行早期及时判别，对支护形式及参数［特别是常用的锚杆（索）支护］合理性进行评价，在此基础上进行支护参数调整并及时二次支护对于保证巷道快速掘进至关重要，有重要的工程应用背景。淮北地区目前巷道埋置深、断面大及地质条件复杂多变，巷道断面不同部位围岩破碎范围及破碎程度分布明显不均，存在易于"失稳"关键部位。围岩变形"失稳"是从局部某关键部位开始的，为避免煤岩及支架局部"失稳"而引起整体"失稳"，应"量化"确定煤岩及支架易于

"失稳"关键部位，重点加强关键部位的二次耦合支护[1]，保证围岩-支护变形协调；采用不均衡支护荷载使整个断面围岩松动破碎变形协调，另外要改变围岩作用于支架的变形压力分布和改善支护结构受力性能，使支架受荷不至于因局部"失稳"而造成整体"失稳"。

围岩表面变形随时间增长而增加，欲使围岩变形保持稳定，围岩表面变形随时间增长应趋于稳定并不超过允许值。研究围岩表面变形随时间的变化规律可以早期对围岩稳定性进行判断从而及时确定合理的支护形式和参数。

深部软岩巷道常用支护形式有：以锚杆、锚索支护为主的锚杆（索）支护，以工字钢梯形棚支护及可缩性 U 型钢支护为主的架棚支护，以及各种支护形式与围岩注浆相联合。针对不同地质条件采用合理支护形式是保证软岩巷道围岩变形稳定的关键。预应力锚杆（索）支护形式在淮北矿区深部巷道已得到广泛应用，应针对不同赋存条件巷道分析预应力锚杆（索）支护机理，确定预应力锚杆（索）支护围岩稳定性标准，有依据地选择预应力锚杆（索）合理支护参数。

1.2 研究现状

关于深部巷道围岩变形及稳定性的研究：文献 [2] 根据松动圈大小对围岩稳定性进行了分析；文献 [3] 介绍了巷道围岩稳定性的分类方法；柏建彪、侯朝炯采用理论分析、数值模拟和现场试验对深部开采巷道围岩稳定性进行了研究[4]；何满朝等对夹河矿深部围岩稳定性控制技术进行了讨论，采用非线性设计方法对锚网索支护参数进行了设计[5]；靖洪文等对深埋巷道破裂位移进行了分析[6]；文献 [7] 分析了弱结构变形破坏与非均称控制机理；软岩巷道围岩扩容-塑性软化变形在文献 [8] 中得以具体阐述；文献 [9] 分析了松动圈形成、发展与围岩表面变形之间的关系；吴德义通过测量支架受荷及分析其随时间的变化规律，以支架受荷随时间变化是否降低或波动作为围岩稳定性判别标准，采用多点位移计测量围岩内部不同点位移，并依据位移梯度量化评价围岩破碎程度，采用数学分析的方法分析围岩表面变形随时间变化的关系式，建立围岩表面变形随时间变化的典型蠕变模型，并用工程实测对其进行验证，分析其规律，提出了以巷道表面变形速度衰减系数作为判据，对围岩稳定性进行早期判别的方法。

关于深部开采软岩巷道变形随时间变化以及二次支护的理论：文献［10］对软岩巷道的蠕变随时间变化的效应进行了模拟，建立了蠕变计算模型；文献［11］和文献［12］介绍了深部软岩巷道围岩二次支护新技术，通过实验得出了围岩二次支护的合理地段与参数，取得了较好的控制效果，针对深部开采软岩巷道大变形、大地压、难支护的特点，指出巷道失稳是从局部开始的，提出了锚索关键部位二次支护的新方法；将锚索和注浆联合支护用于深部开采巷道及围岩松碎巷道的方式在文献［13］中做了详细的介绍；文献［14］简要分析了鹤壁矿区深部巷道围岩变形的特征及支护机理，指出提高锚杆主动支护强度是控制深部巷道围岩变形的主要技术措施；文献［15］研究结果表明，针对深部开采软岩巷道大地压、大变形、难支护的特点，二次支护最佳地段的确定是深部开采软岩巷道围岩变形保持稳定的关键；茅晓辉、魏乃栋、付厚利采用 FLAC3D 软件分析了直墙半圆拱巷道关键部位围岩变形特征[16]；吴德义通过数值模拟与工程实测分析了深部开采矩形及梯形巷道易于"失稳"的关键部位并提出了相应的二次支护[17]；勾攀峰、韦四江、张盛通过数值模拟分析得出了高水平地应力作用巷道底板及顶板是易于"失稳"的关键部位，应加强支护[18]；王成、张农、韩昌良等提出将 U 型棚锁腿应用于工程实际能使支护体与围岩的稳定性明显提高[19]；于永光根据 U 型棚受荷特点提出了 U 型棚支护结构的改进方法[20]。

已有研究成果表明[21,22]：深部开采软弱围岩变形稳定性主要由围岩松动圈范围及范围内岩石破碎（即碎胀）程度确定，围岩表面变形随时间演化特征是围岩松动破碎随时间演化的表现，当围岩松动破碎随时间演化不能趋于稳定时，围岩将加速变形而"失稳"。要选择合理的一次支护及二次支护，必须分析不同一次支护及二次支护参数对围岩松动破碎范围与程度的影响。在分析围岩松动破碎与表面变形关联性的基础上，可以通过得出围岩表面变形随时间演化的特征来确定围岩稳定性量化判据。

项目组已通过数值模拟及工程实测方法分析围岩松动破碎及其随时间的演化。数值模拟主要采用 FLAC3D 软件，通过建立合理应变软化数值计算模型，以围岩残余强度分布范围作为松动破碎范围，以分析得出围岩位移梯度分布作为围岩破碎程度分布；工程实测主要采用多点位移计实测巷道围岩不同部位位移及其随时间的变化，进而估算松动圈范围及破碎程度随时间的演化[23]；通过测力装置测量巷道不同部位煤岩与支架作用荷载反映围岩-支架耦合状态，通过钻孔摄像获得围岩松动破碎分布，对围岩松动破碎范围及其随时间的演化进行较为定量的分析[24]。

1.3 研究内容及技术路线

以项目组已有研究成果为基础，本项目以淮北矿区袁店二矿西翼回风大巷、西翼运输大巷为背景，开展以下研究，同时研究成果在西翼运输暗斜井、西翼五采区水仓及西翼五采区变电所等巷道应用。

1.3.1 研究内容

① 根据围岩变形随时间变化特征，选择合理判据对预应力锚杆（索）承载合理性、压缩拱内外围岩稳定性进行早期及时判别。

② 分析不同岩性直墙半圆拱深部巷道围岩松动破碎分布特征，确定不同条件下深部巷道围岩易于"失稳"的关键部位。

③ 确定选择合理的一次、二次支护形式及支护参数（预应力锚杆、预应力锚索、注浆、组合支护），保持深部巷道围岩及其关键部位围岩变形稳定。

④ 根据判据选择合理的现场监测方法，在巷道变形初期（0～15d）及时对围岩稳定性进行判别。确定围岩有"失稳"趋势的关键部位，选择合理预应力锚杆（索）二次支护，保持巷道围岩稳定。

⑤ 确定工程中二次支护合理性评价方法并应用于袁店二矿巷道二次支护合理性评价的工程实际。

1.3.2 研究技术路线

① 结合已有研究基础，通过多点位移计工程实测及 FLAC3D 软件数值模拟分析深部软弱围岩表面变形及其随时间演化，以表面变形速度衰减系数为量化指标判别深部软弱围岩稳定性并确定临界容许值。

② 采用 FLAC3D 软件模拟分析巷道围岩岩性为泥岩、砂质泥岩、泥质砂岩以及断层破碎带，断面形状为圆形及直墙半圆拱时，不同条件围岩不同部位残余强度及其位移梯度分布，确定不同岩性不同巷道断面深部软弱围岩巷道松动破碎分布特征以及易于"失稳"的关键部位。

③ 基于以上分析结果，改变预应力锚杆（索）支护参数［锚杆

（索）长度、锚杆（索）间排距、锚杆（索）预紧力等]，分析不同岩性、不同巷道断面应选择的预应力锚杆（索）合理支护参数，关键部位应选择合理的支护参数（锚索长度、间排距及预紧力）。针对深部巷道断层破碎带，提出预应力锚杆压缩拱形成机制，量化确定压缩拱厚度及承载能力的提高，建立合理数值计算模型合理分析考虑预应力锚杆压缩拱作用的围岩松动破碎变形，进而选择合理的预应力锚杆（索）支护参数。

④ 基于以上分析结果，采用多点位移计实测深部软岩巷道关键部位围岩松动破碎变形及其随时间演化，对深部软弱围岩稳定性及预应力锚杆（索）一次支护、二次支护的合理性进行评价。

第 2 章

深部巷道围岩稳定性早期判别及工程监测

2.1 巷道围岩变形随时间变化规律分析

如图 2.1 所示，岩石在三轴围压作用下应力-应变曲线分为以下 5 个阶段：OA 为岩石裂隙在压力作用下的压实阶段，AB 为岩石弹性变形阶段，BC 为岩石变形屈服阶段，CD 为岩石应变强化阶段以及 DE 为岩石峰值变形及破坏阶段。围压大小和岩石性质对围岩峰值压力、峰值后围岩变形以及残余强度有很大影响。矿井深部岩巷围岩表现为"软岩"特点，围岩受压达到峰值压力后产生较大变形才产生破坏并具有较大残余强度。

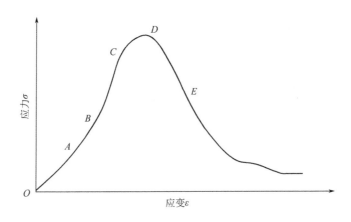

图 2.1　三轴围压作用下岩石应力-应变曲线

假设塑性变形区围岩变形可作体积不可压缩假设。巷道形状为圆形，初始地应力场为各向等值；围岩是均匀各向同性的黏性介质，符合连续介质力学假设，塑性区介质存在不可压缩性。依据以上假设，则塑性区的应变状态用极坐标可示为：

$$\varepsilon_\theta + \varepsilon_r = 0 \tag{2.1}$$

式中，ε_θ 为切向应变；ε_r 为径向应变。

$$\varepsilon_r = \frac{\mathrm{d}u}{\mathrm{d}r}, \quad \varepsilon_\theta = \frac{u}{r} \tag{2.2}$$

式中，u 为测点径向变形，mm；r 为测点距巷道中心距离，mm。

考虑到黏塑性变形区岩石变形随时间的变化，将式(2.2) 代入式(2.1) 并积分，可得：

$$u = \frac{f(t)}{r}, \quad \varepsilon_r = \frac{f(t)}{r^2}, \quad \varepsilon_\theta = \frac{f(t)}{r^2} \tag{2.3}$$

式中，$f(t)$ 为与时间有关的系数。

黏弹性区的应力可示为：

$$\sigma_r = \sigma_0 - \frac{2}{r^2}\left[Gf(t) + \eta\frac{\mathrm{d}f(t)}{\mathrm{d}t}\right], \quad \sigma_\theta = \sigma_0 - \frac{2}{r^2}\left[Gf(t) + \eta\frac{\mathrm{d}f(t)}{\mathrm{d}t}\right] \tag{2.4}$$

式中，σ_r 为测点径向应力，MPa；σ_θ 为测点切向应力，MPa；η 为黏性系数，MPa/d；G 为剪切模量，MPa。

实验研究结果表明：三轴压缩煤岩大部分表现为剪切破坏，服从 Coulomb 强度准则。该准则认为岩石能承载的抗剪强度 $[\tau]$ 由黏结力 c、内摩擦角 φ 以及破坏面上正应力 σ 确定。抗剪强度可示为：

$$[\tau] = \sigma\tan\varphi + c \tag{2.5}$$

式中，$[\tau]$ 为岩石抗剪强度，MPa；σ 为破坏面上正应力，MPa；c 为岩石黏结力，MPa；φ 为内摩擦角，(°)。

破坏面上最大剪应力为：

$$\tau = \frac{\sigma_1 - \sigma_3}{2} \tag{2.6}$$

式中，τ 为破坏面上最大剪应力，MPa；σ_1 为最大主应力，

MPa；σ_3 为最小主应力，MPa。

矿井深部巷道软岩内摩擦角较小，黏结力较大，深部围岩塑性破坏准则可示为：

$$\sigma_1 - \sigma_3 = 2k \tag{2.7}$$

式中，k 为常数。

围压大小对岩石黏结力 c 及 k 产生较大影响，k 大小可结合现场实际条件确定。

黏弹性区和黏塑性区边界在满足黏弹性区应力计算式（2.4）的同时还须满足式（2.7）。

由式（2.4）与式（2.7）可得：

$$Gf(t) + \eta \frac{\mathrm{d}f(t)}{\mathrm{d}t} = -\frac{1}{2}k_3R^2 \tag{2.8}$$

式中，R 为塑性圈半径，mm。

由式（2.8）可得：

$$f(t) = a\,\mathrm{e}^{-\frac{G}{\eta}t} + b \tag{2.9}$$

式中，a，b 为系数。

$$b = -\frac{kR^2}{2G} \tag{2.10}$$

由 $t=0$ 时，$f(t)=0$，可知：$a+b=0$。由此可推断：

$$a = \frac{kR^2}{2G} \tag{2.11}$$

将式（2.10）代入式（2.9）可得：

$$f(t) = \frac{kR^2}{2G}\mathrm{e}^{-\frac{G}{\eta}t} - \frac{kR^2}{2G} \tag{2.12}$$

令巷道半径为 R_0，将 $r=R_0$ 以及式（2.12）代入式（2.3），可得围岩表面变形随时间的变化为：

$$u = \frac{kR^2}{2GR_0}\mathrm{e}^{-\frac{G}{\eta}t} - \frac{kR^2}{2GR_0} \tag{2.13}$$

从式（2.13）中可以看出，当围岩塑性变形满足不可压缩假设时，围岩表面变形随时间的变化满足指数关系。其中表面变形速度衰减系数和剪切模量 G 及黏性系数 η 有关，围岩稳定时表面最大变形和围岩性质（k_3，G，η），巷道半径（R_0）以及地应力（反映在对塑性圈半径 R 的影响上）有关。令

$$A = \frac{kR^2}{2GR_0} \tag{2.14}$$

式中，A 为围岩表面最大变形，mm。

$$B = -\frac{G}{\eta} \tag{2.15}$$

式中，B 为围岩表面变形速度衰减系数。

故式（2.13）可示为：

$$u = A(1 - e^{-Bt}) \tag{2.16}$$

当 $t \to \infty$ 时，围岩表面变形最大值可示为：

$$u = A \tag{2.17}$$

在工程实践中，由于施工条件限制，有时需待一定时间后才可进行数据采集工作。假设从支护到开始数据采集的时间间隔为 t_0，设 $t = 0$ 时刻的围岩表面变形 $u = 0$，则 $t = t_0$ 时刻围岩表面变形可示为：

$$u_0 = A - A e^{-Bt_0} \tag{2.18}$$

t 时刻围岩表面变形可示为：

$$u = A - A e^{-Bt} \tag{2.19}$$

令 $t_1 = t - t_0$，$u_1 = u - u_0$，则上式可示为：

$$u_1 = A - A e^{-Bt_0} e^{-Bt_1} - u_0 \tag{2.20}$$

将式（2.18）代入式（2.20）中，则得：

$$u_1 = A e^{-Bt_0} - A e^{-Bt_0} e^{-Bt_1} \tag{2.21}$$

从式（2.21）中可以看出：如果以 u_1、t_1 为新的变量，则两者之间仍然满足指数变化关系，随时间增长围岩变形速率衰减系数仍然不

变。令 $C = A\mathrm{e}^{-Bt_0}$，可得反映围岩表面最大变形 A 值为：

$$A = C\mathrm{e}^{Bt_0} \tag{2.22}$$

由上可知，从 $t = t_0$ 时刻进行数据采集经过换算可以得出围岩表面最大变形。实际上，当围岩表面变形达到最大值的 99% 时，可以认为围岩已经基本稳定，此时围岩表面变形作用时间可作为围岩达到稳定时的围岩变形时间，可示为：

$$t = \frac{4.61}{B} \tag{2.23}$$

以上分析是在体积不可压缩条件下得出的。随围岩应力增加，尽管围岩变形初期满足式(2.16)，但随着时间及变形量增加，围岩变形不可压缩假设不再成立。此时围岩表面变形随时间的变化可以采用如图 2.2 所示的鲍格斯模型计算。

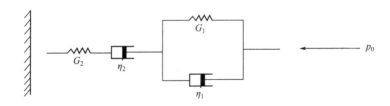

图 2.2　鲍格斯模型

由模型可知：

$$\tau = \tau_1 = \tau_2 = \tau_3 \tag{2.24}$$

$$\gamma = \gamma_1 + \gamma_2 + \gamma_3 \tag{2.25}$$

$$\tau_1 = G_1\gamma_1 + \eta_1\frac{\mathrm{d}\gamma_1}{\mathrm{d}t} \tag{2.26}$$

$$\tau_2 = G_2\gamma_2 \tag{2.27}$$

$$\tau_3 = \eta_2 \frac{\mathrm{d}\gamma_2}{\mathrm{d}t} \tag{2.28}$$

由此可得，围岩表面变形随时间的变化关系可示为：

$$u(t) = \frac{2p}{9j} + \frac{p}{3G_2} + \frac{p}{3G_1} - \frac{p}{3G_1}\mathrm{e}^{-(G_1 t / \eta_4)} + \frac{p}{3\eta_5}t \tag{2.29}$$

式中，j 为系数；p 为原岩应力，MPa；G_1，G_2 为剪切模量，MPa；η_4，η_5 为黏性系数，MPa/d。

当围岩应力增加至一定程度时，随时间及变形量增加，围岩变形将呈现如图 2.3 所示的加速变形。

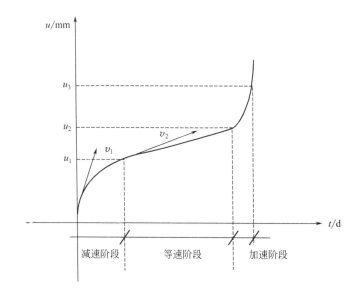

图 2.3　围岩表面变形随时间变化的典型形式

围岩表面变形随时间变化可分为变形速度随时间减小的减速阶段、变形速度近似不变的等速阶段（即二次蠕变阶段）和变形速度随时间增长的加速阶段。不同条件，围岩表面变形随时间变化呈现为以下三种形式。

① 围岩表面变形随时间增加仅呈现减速阶段而趋于稳定。

$$u = A(1 - e^{-Bt})\tag{2.30}$$

② 围岩表面变形呈现减速阶段、等速阶段但最终趋于稳定。

$$u = \begin{cases} A(1 - e^{-Bt}), t \leqslant t_0 \\ A(1 - e^{-Bt_0}) + \lambda_1(t - t_0), t > t_0 \end{cases}\tag{2.31}$$

③ 围岩表面变形呈现减速阶段、等速阶段后最终进入加速阶段而失稳。

$$u = \begin{cases} A(1 - e^{-Bt}), t \leqslant t_0 \\ A(1 - e^{-Bt_0}) + \lambda_1(t - t_0), t_1 > t > t_0 \\ A(1 - e^{-Bt_0}) + \lambda_1(t - t_0) + \lambda_2 e^{\lambda_3 t}, t \geqslant t_1 \end{cases}\tag{2.32}$$

其中式(2.31) 可近似表达为：

$$u = \begin{cases} A_1(1 - e^{-B_1 t}), t \leqslant t_0 \\ A_1(1 - e^{-B_1 t_0}) + A_2(1 - e^{-B_2(t - t_0)}), t > t_0 \end{cases}\tag{2.33}$$

式(2.31) 的等速变形阶段可以近似采用式(2.33) 所示的二次蠕变阶段呈现。

围岩表面变形呈现第一种形式，围岩变形虽保持稳定，但围岩自承载力并未充分发挥；呈现第三种形式，围岩将加速变形而失稳；呈现第二种形式，围岩变形不仅保持稳定，同时围岩自承载力也得以充分发挥。

2.2 基于深部软弱围岩二次蠕变特征的稳定性判据

项目组结合已有理论分析、数值模拟及工程实测结果，得出了围岩表面变形的典型形式与支架受荷随时间演化呈现图 2.4～图 2.6 所示的对应关系。

① 图 2.4(a) 所示为围岩表面变形随时间演化呈现一次蠕变后趋于稳定，反映一次蠕变特征的系数 $A_1=114.9$，$B_1=0.11$；与之相对应的图 2.4(b) 中，支架受荷在较短时间内达到最大并趋于稳定。

② 图 2.5(a) 所示为围岩表面变形随时间演化呈现二次蠕变后趋于稳定，反映二次蠕变特征的系数 $A_2=193.2$，$B_2=0.05$；与之相对应的图 2.5(b) 中，支架受荷在较短时间内达到最大值后有较小的"波动"变化。

③ 图 2.6(a) 所示为围岩表面变形随时间演化呈现二次蠕变后趋于加速"失稳"，反映一次蠕变特征的系数 $A_2=228.2$，$B_2=0.035$；与之相对应的图 2.6(b) 中，支架受荷在极短时间内达到最大值后快速减小并随后呈"波动"变化。

支架受荷随时间演化呈现显著下降及波动是由于巷道表面产生了过度破碎失稳，可以根据支架受荷随时间演化特征来推断围岩稳定性。

① 图 2.5(a) 所示围岩二次蠕变速度衰减系数 $B_2=0.05$，图 2.5(b) 所示支架受荷随时间变化支架受荷略有波动，说明围岩变形基本稳定。

② 图 2.6(a) 所示围岩二次蠕变速度衰减系数 $B_2=0.035$，图 2.6(b) 所示支架受荷随时间呈现显著"波动"，说明围岩变形趋于"失稳"。

理论分析结合现场大量实测结果表明：不同岩性围岩，当围岩二次蠕变速度衰减系数 $B_2>0.04$ 时，围岩变形保持稳定；当围岩二次蠕变速度衰减系数 $B_2\leqslant0.04$ 时，围岩表面破裂，围岩变形趋于不稳定。由于围岩地质条件及地压不同，不同地段巷道围岩变形不同，采

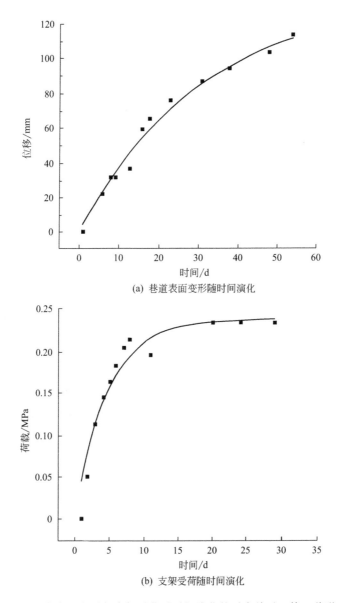

(a) 巷道表面变形随时间演化

(b) 支架受荷随时间演化

图 2.4　围岩表面变形与支架受荷随时间演化的对应关系（第一种形式）

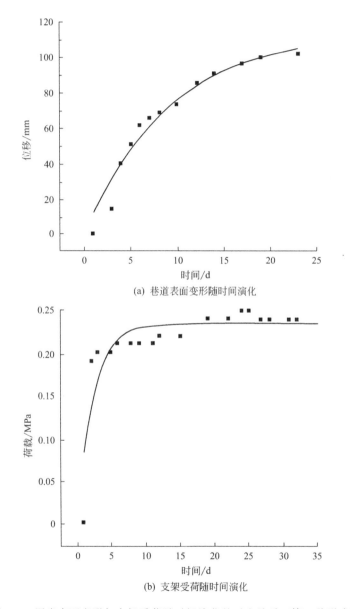

(a) 巷道表面变形随时间演化

(b) 支架受荷随时间演化

图 2.5　围岩表面变形与支架受荷随时间演化的对应关系（第二种形式）

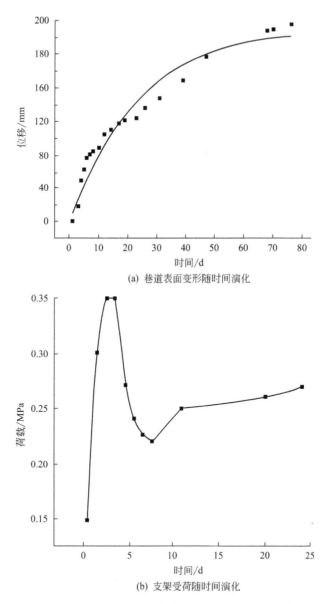

(a) 巷道表面变形随时间演化

(b) 支架受荷随时间演化

图 2.6　围岩表面变形与支架受荷随时间演化的对应关系（第三种形式）

用相同支护形式及参数可能造成巷道局部地段"失稳"，为保持围岩变形稳定，应在有"失稳"趋势的地段和部位进行二次支护。

现场大量实测结果还表明，围岩产生二次蠕变的时间与岩石性质及地压大小等有关。围岩二次蠕变速度衰减系数 $B_2 \leqslant 0.04$ 时，一般在 $10 \sim 20d$ 左右。因此，现场可以通过测量 30d 左右围岩表面变形随时间的变化，通过式(2.33)估算围岩二次蠕变速度衰减系数 B_2，依据 B_2 值的大小判断围岩稳定性，并在 $B_2 \leqslant 0.04$ 围岩二次蠕变地段及时进行二次支护。

2.3　基于二次蠕变速度衰减系数的深部软弱围岩稳定性工程判别

如图 2.7 所示，为量化判别深部软弱围岩变形稳定性进而选择合理二次支护保持围岩稳定，采用多点位移计实测围岩表面变形随时间演化，根据围岩表面变形随时间演化特征分析围岩变形速度随时间演化，选择围岩二次蠕变速度衰减系数 B_2 来判断深部岩巷围岩稳定性。

为实现其目的，研制了一种可直接分析深部围岩稳定性的装置，主要包括位移计、数据分析仪。位移计爪头位于近原岩位置，主要用于测量随时间变化的巷道表面变形。数据分析仪包括用于记录巷道表面碎胀变形的数据记录器、用于分析碎胀变形数据的数据处理器以及用于显示碎胀变形数据处理结果的数据显示器。位移计通过信号线与数据分析仪的数据记录器连接；数据分析仪中的数据处理器通过对数据记录器记录不同时刻的碎胀变形，得出不同时刻巷道表面变形速度、二次蠕变速度衰减系数；数据分析仪中数据显示器显示巷道表面变形及变形速度随时间演化曲线、不同时刻蠕变速度衰减系数、设定二次蠕变速度衰减系数容许临界值，动态比较蠕变速度衰减系数实测值与容许临界值，及时对巷道围岩稳定性进行预警。

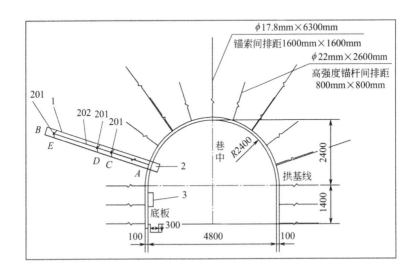

图 2.7　深部岩巷围岩稳定性现场判别装置

1—钻孔；2—多点位移计；3—数据分析仪

在巷道围岩易于失稳的关键部位——AB 部位钻孔 1，钻孔 1 中布置多点位移计 2，巷道围岩内近原岩位置孔底布置位移计锚固头 201。E 点锚固头 201 位于近原岩位置，该位置变形量 $u_E \approx 0$；钢丝绳 202 长度变化 $\Delta l = u_A - u_0$，巷道表面 A 点变形可示为 $\Delta l \approx u_A$，可通过记录钢丝绳长度变化来计算巷道表面 A 点变形。数据分析仪中数据处理器对数据记录器中记录的数据进行分析，分析巷道表面变形位移速度随时间演化及不同时刻巷道表面蠕变速度衰减系数，以巷道表面变形随时间演化曲线的切线斜率作为不同时刻变形速度 v，分析时间段内变形速度 v 随时间 t 的演化，得出并分析时间段内巷道表面变形速度衰减系数 B_2。数据分析仪中数据显示器将围岩表面变形以及变形速度随时间演化分析结果以曲线动态显示，每天显示一次巷道表面蠕变速度衰减系数，同时与设定的容许临界值实时动态比较并及时报警。取巷道表面蠕变速度衰减系数容许临界值为 0.04，$B_2 >$ 0.04 时巷道围岩变形处于稳定状态，$B_2 \leqslant 0.04$ 时巷道围变形有"失稳"发展趋势。实时比较 B_2 实测值与其容许临界值，对深部巷道围岩稳定性进行"动态"监测并及时预警，及时采用二次加强支护。

2.4　深部岩巷锚杆（索）支护合理性评价

如图 2.7 所示，淮北矿区目前普遍采用的做法是在巷道围岩一定厚度范围内布置预应力锚杆形成锚杆压缩拱，在巷道围岩较大厚度范围内布置预应力锚杆（索）形成锚索压缩拱，锚杆压缩拱与锚索压缩拱共同作用，有时辅助金属支架等支护保持围岩变形稳定。由于深部巷道赋存条件复杂，完全量化确定深部巷道围岩锚杆及锚索支护参数的合理性还难以达到，因此目前主要依据理论分析、数值模拟、工程实测结合工程经验选择巷道围岩锚杆及锚索支护参数，难以达到预期效果，支护后的深部岩巷围岩变形可能仍存在"失稳"趋势。由于巷道局部"失稳"造成巷道整体失稳在工程中普遍存在，因此选择合理方法评价锚杆（索）支护的合理性，进一步选择合理的二次支护至关重要。

为了解决上述技术问题，本项目结合已有的研究成果，提出了一种简单方便的工程实测方法对深部巷道围岩锚杆及锚索支护参数的合理性进行评价，在此基础上确定合理的锚杆及锚索支护参数。

深部巷道围岩浅部锚杆锚固区、围岩深部锚杆（索）锚固区以及围岩变形 $u(t)$ 随时间 t 变化主要呈现三个阶段：

① 由式（2.31）反映的围岩变形减速阶段；

② 由式（2.32）反映的围岩变形等速阶段；

③ 围岩变形由等速阶段发展至加速阶段而失稳或再次转化为减速阶段而保持稳定。

研究表明：合理支护不仅要保证浅部锚杆锚固区、深部锚杆（索）锚固区及围岩变形稳定，同时应使各区段围岩承载力得到充分发挥且支护成本最低。支护合理性可以通过反映等速阶段变形速度系数 λ_1 来评价。在确定不同区段深部巷道围岩承载力得到充分发挥时等速阶段变形速度系数合理取值 $\lambda_{1合理}$ 基础上，工程中可以通过监测深部巷道浅部围岩锚杆锚固区、深部锚杆（索）锚固区以及锚固区外围岩变形 $u(t)$ 随时间 t 演化的特征，分析不同区段等速阶段围岩变形速度系数 λ_1，并与 $\lambda_{1合理}$ 比较来评价锚杆、锚杆（索）支护参数的合理性并确定合理的支护参数。在围岩变形早期即可判别支护合理性并及时进行支护参数调整，在保证安全的基础上使支护成本最低。

针对 $c=0.7\sim1.0\text{MPa}$，$\varphi=18°\sim22°$ 的软弱围岩，锚杆及锚索支护参数合理性评价主要包括以下步骤。

① 如图 2.7 所示，在深部巷道围岩易于失稳关键部位钻孔，钻孔深度超过围岩范围并进入原岩中，一般超过 10.0m。理论分析、数值模拟、工程实测及大量工程实践都表明：当深部岩巷道围岩至巷道表面距离超过 10.0m 时，变形量很小；图示 AB 部位围岩松动破碎范围及破碎程度最为显著，对该部位锚杆、锚索支护合理性进行评价并保持该部位围岩稳定最为关键。

② 钻孔中布置多点位移计，距巷道表面不同距离 r_1、r_2、r_3 部位布置第一锚固头、第二锚固头、第三锚固头。令锚杆长度、锚杆（索）长度、巷道帮部围岩松动破碎范围分别为 L_1、L_2、L_3，其中测点 C 位于浅部锚杆锚固区内，$r_1 \approx L_1$；测点 D 位于深部锚杆（索）锚固区内，$r_2 \approx L_2$；测点 E 位于巷道帮部围岩范围之外的原岩

内，$r_3 > L_3$。

③ 记录不同时刻 t 连接第一锚固头的第一钢丝绳伸长量为 $\Delta l_1(t)$，连接第二锚固头的第二钢丝绳伸长量为 $\Delta l_2(t)$，连接第三锚固头的第三钢丝绳伸长量为 $\Delta l_3(t)$。

④ 定义不同时刻 t 锚杆锚固区、锚杆（索）锚固区、锚固区外围岩变形量分别为 $u_1(t)$、$u_2(t)$、$u_3(t)$。并计算 $u_1(t)$、$u_2(t)$、$u_3(t)$ 值分别为 $u_1(t) = \Delta l_1(t)$、$u_2(t) = \Delta l_2(t) - \Delta l_1(t)$、$u_3(t) = \Delta l_3(t) - \Delta l_2(t)$。

⑤ 根据 $u_1(t)$、$u_2(t)$、$u_3(t)$ 值的实测结果，采用最小二乘法按式（2.32）对各区段软弱围岩变形减速阶段、等速阶段 $u(t)$ 随时间 t 演化进行回归分析。

⑥ 依据以上回归分析结果，确定反映 $u_1(t)$、$u_2(t)$、$u_3(t)$ 随时间 t 变化等速阶段变形速度系数 λ_1。特别地，如果围岩变形随时间演化仅呈现减速阶段并趋于稳定，则可认为 $\lambda_1 = 0$。

⑦ 根据数值模拟及大量工程实测结果，确定 $c = 0.7 \sim 1.0 \mathrm{MPa}$、$\varphi = 18° \sim 22°$ 时锚杆锚固区、锚索锚固区以及锚固区外各区段围岩承载力得到充分发挥时围岩变形等速阶段变形速度系数容许临界值分别为 $\lambda_{1合理} = 1.0 \mathrm{mm/d}$、$\lambda_{1合理} = 0.5 \mathrm{mm/d}$、$\lambda_{1合理} = 0.5 \mathrm{mm/d}$。

⑧ 将回归分析得出的反映各区段围岩等速阶段变形速度系数 λ_1 分别与各区段围岩等速阶段变形速度系数合理取值 $\lambda_{1合理}$ 比较，依据表 2.1 评价锚杆及锚杆（索）支护参数的合理性并及时调整支护参数。

⑨ 深部巷道开挖 25d 左右围岩变形即由减速阶段转化为等速阶段。尽管等速变形阶段续时间较长，但在等速变形阶段初期 $5 \sim 10d$ 即可确定各区段等速阶段变形速度系数 λ_1，即在煤岩变形早期 $30 \sim 35d$ 即可判别支护合理性并及时进行支护参数调整，在保证安全的同时使支护成本降低。

表 2.1　深部岩巷锚杆（索）支护合理性评价

项目	各区段等速阶段变形速度系数 λ					
	锚杆锚固区 λ_1		锚杆（索）锚固区外 λ_1		锚固区外 λ_1	
各区段等速阶段变形速度系数 λ 取值与合理 $\lambda_{合理}$ 比较	$\lambda_1<0.8\lambda_{1合理}$	$\lambda_1\geq1.2\lambda_{1合理}$	$\lambda_1<0.8\lambda_{1合理}$	$\lambda_1\geq1.2\lambda_{1合理}$	$\lambda_1<0.8\lambda_{1合理}$	$\lambda_1\geq1.2\lambda_{1合理}$
锚杆、锚索支护参数合理性评价	锚杆间排距不合理	锚杆间排距不合理	锚杆（索）间排距及锚杆（索）长度不合理	锚杆（索）间排距及锚杆（索）长度不合理	锚杆（索）长度不合理	锚杆（索）长度不合理
支护参数调整	锚杆预紧力满足要求前提下减小锚杆间排距	锚杆预紧力满足要求前提下增大锚杆间排距	锚杆（索）预紧力满足要求前提下减小锚杆（索）间排距，减小锚杆（索）长度	锚杆（索）预紧力满足要求前提下增大锚杆（索）间排距，增加锚杆（索）长度	锚杆（索）预紧力满足要求前提下减小锚杆（索）长度	锚杆（索）预紧力满足要求前提下增加锚杆（索）长度

第**3**章

工程概况与工程实测

本项目以袁店二矿西翼回风大巷为工程背景，分析淮北矿区典型泥岩、砂质泥岩以及泥质砂岩直墙半圆拱巷道应选择的预应力锚杆（索）合理二次支护形式以及支护参数。以西翼回风大巷及西翼运输大巷综掘机及盾构法施工直墙半圆拱巷道及圆形巷道为背景，分析巷道掘进经过破碎带时应选择的预应力锚杆（索）合理二次支护形式及参数。选择合理判别方法对围岩稳定性及预应力锚杆（索）承载进行判别。

3.1 工程概况

3.1.1 西翼采区地质特征

西翼采区岩层地质柱状图如图 3.1 所示。

3.1.2 西翼回风大巷地质概况

（1）工程概况

巷道名称为西翼回风大巷，巷道标高为 $-740.0m$，位于工业广场西南方向约 950m，地面主要为沟渠和农田。设计总工程量 750.0m。根据袁店一井煤矿生产进度安排，该巷道前期采用炮掘，后期采用综掘施工，预计工期 6 个月。施工顺序：西翼回风大巷从西翼运输暗斜井按 N258.5°方位、3‰ 上坡施工 750m 后进入五采区边界联巷。巷道平面布置图如图 3.2 所示。

（2）岩层情况

如图 3.1 所示，西翼回风大巷设计施工层位于 5 煤层顶板 4m 至 6 煤层顶板 120m。巷道在刚开始施工时处于 5 煤层顶板 4m 左右，向前施工逐步远离 5 煤层顶板，穿过 F9 断层后巷道施工层位处于 6 煤层顶板 20～45m，穿过 F256 断层后巷道施工层位处于 6 煤层顶板 120m 左右。岩性主要为泥岩、泥质砂岩、砂质泥岩。岩性特征：泥

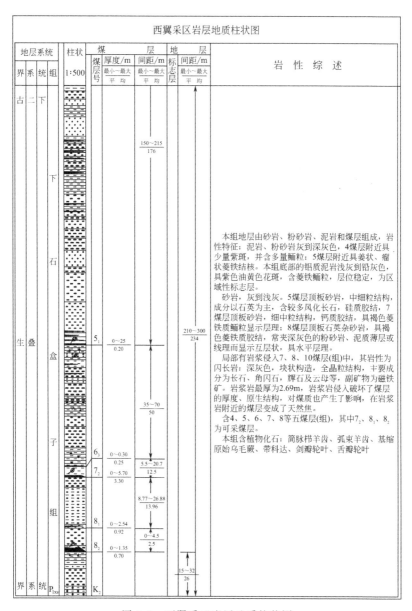

图 3.1　西翼采区岩层地质柱状图

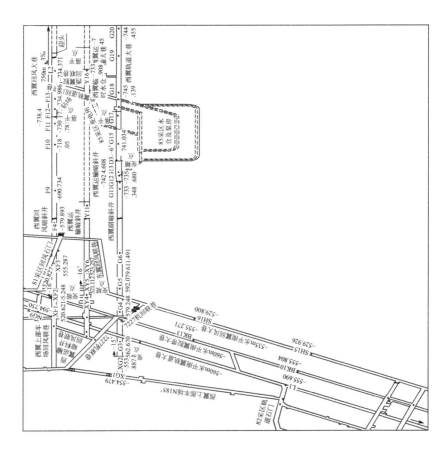

图 3.2　巷道平面布置图（西翼回风大巷）

岩、粉砂岩灰到深灰色，4 煤层附近具少量紫斑，并含多量鲕粒，5 煤层附近具姜状、瘤状菱铁结核。本组底部的铝质泥岩浅灰到铅灰色，具紫色油黄色花斑，含菱铁鲕粒，层位稳定，为区域性标志层。

（3）地质构造

西翼采区总体上为一走向近东西、倾向东北或正北的单斜构造，断层较发育，褶曲不发育，局部仅有小的起伏，幅度不大，地层倾角变化较大，为 11°~20°，平均 15°。根据三维地震资料显示，掘进施工中受两条断层影响：F1 断层（$\angle 55° \sim 70°$，$H = 260 \sim 310\text{m}$）、BF35 断层（$\angle 55° \sim 70°$，$H = 0 \sim 32\text{m}$），均为正断层。断层基本情况如表 3.1 所示。

表 3.1　断层基本情况（西翼回风大巷）

地质构造情况	概述	西翼采区总体上为一走向近东西、倾向东北或正北的单斜构造，断层较发育，褶曲不发育，局部仅有小的起伏，幅度不大，地层倾角变化较大，为 11°~20°，平均 15°。巷道掘进范围发育两条断层				
	断层名称	走向/(°)	倾向/(°)	倾角/(°)	性质	落差/m
	F9			40~50	正	5~30
	F256			70~80	正	0~60

定向钻孔探查结果显示，巷道掘进过程中软弱围岩岩性主要为泥岩，同时有砂质泥岩、泥质砂岩。西翼回风大巷迎头预计向前施工 27.6m 将揭露 F5 断层（$\angle 70° \sim 80°$，$H = 12\text{m}$），迎头预计向前施工 65.1m 将揭露 F12 断层（$\angle 50° \sim 75°$，$H = 309\text{m}$），迎头向前施工 34.8m 将进入 F5 断层及 F12 断层破碎带。利用 ZDY3200S 钻机施工密集骨架钻孔时显示迎头向前 18m 处巷道围岩极为破碎且塌孔严重。

3.1.3　西翼运输大巷地质概况

（1）工程概况

西翼运输大巷地面标高 26.3~28.7m，巷道标高 −750~−745m，巷道从西翼副暗斜井 G13 点前 37.5m 处开始施工，南邻西翼运输暗斜井（未施工），西至 JF245 断层（$H = 5 \sim 45\text{m}$）。巷道平面布置图如图 3.3 所示。

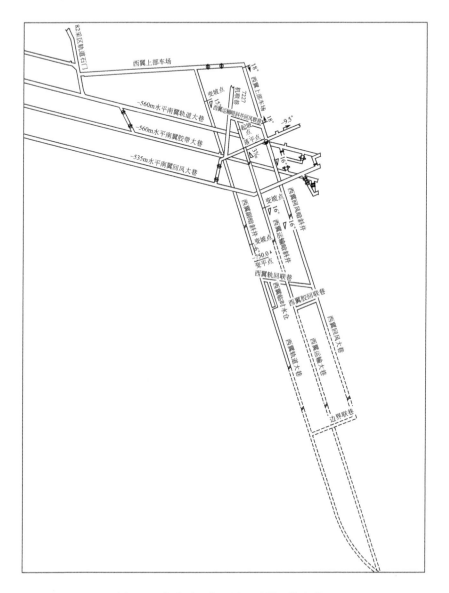

图 3.3　巷道平面布置图（西翼运输大巷）

（2）岩层情况

巷道在未过 F256 断层之前，施工层位于 6 煤层顶板 35～70m，向下穿层施工，岩性主要为泥岩、粉砂岩、细砂岩；在 F256 与 F12 断层之间巷道层位于 6 煤层顶板 130～150m，向下穿层施工，岩性主要为泥岩、粉砂岩、细砂岩；穿过 F12 正断层（$H=309$m）后，巷道在 32 煤层顶板 155～210m，向上穿层施工，岩性主要为泥岩、炭质泥岩、粉砂岩、细砂岩。

（3）地质构造

根据 85、87 里、87 外采区地质勘探与高精度三维地震资料分析，西翼采区总体上为一走向近东西、倾向东北或正北的单斜构造，断层较发育，褶曲不发育，局部仅有小的起伏，幅度不大，地层倾角变化较大，为 11°～29°，平均 18°。巷道掘进范围发育 8 条断层，如表 3.2 所示。

表 3.2　断层基本情况（西翼运输大巷）

地质构造情况	概述	根据 85,87 里、87 外采区地质勘探与高精度三维地震资料分析，西翼采区总体上为一走向近东西、倾向东北或正北的单斜构造，断层较发育，褶曲不发育，局部仅有小的起伏，幅度不大，地层倾角变化较大，为 11°～29°，平均 18°。巷道掘进范围发育 8 条断层，均为正断层，其中落差 0～5m 断层 3 条，落差 5～10m 断层 1 条，落差 10～50m 断层 2 条，大于 50m 断层 2 条				
	断层名称	走向/(°)	倾向/(°)	倾角/(°)	性质	落差/m
	WF4-3			65	正	5
	F9			46	正	5
	F256			70～80	正	60
	F5			70～80	正	12
	F209			80～85	正	3
	F12			50～75	正	309
	F49			60～70	正	8
	JF246			50～75	正	28

3.2 西翼回风大巷及运输大巷不同地质条件支护形式

如图 3.4 所示，西翼回风大巷及运输大巷泥岩、砂质泥岩及泥质砂岩不同地质条件设计支护形式为锚网索喷。当地质条件发生变化，岩性较差，锚网索喷支护不能满足要求时，采取架 36U 型棚支护。锚杆（索）及锚固剂力学性能参数如表 3.3 所示。巷道支护断面见图 3.4，支护布置如图 3.3 所示。

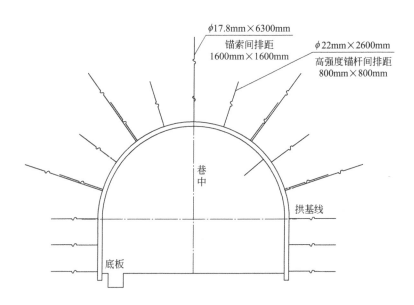

(a) 直墙半圆拱巷道

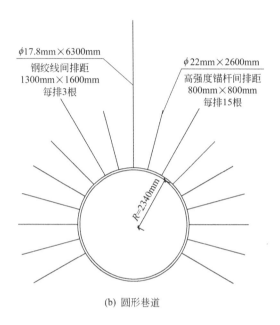

(b) 圆形巷道

图 3.4 巷道支护断面图

表 3.3 锚杆（索）及锚固剂力学性能参数

项目	锚杆			喷浆厚度	锚索			钢筋网规格
	间距×排距	规格	锚固长度		间距×排距	规格	锚固长度	
参数	800mm×800mm	$\phi22$mm×2600mm	1000mm	100mm	1600mm×1600mm	$\phi17.8$mm×6300mm	1500mm	$\phi6$mm×2400mm×1000mm
项目	锚固剂型号	锚杆初锚力	锚杆锚固力	锚索预紧力	锚索锚固力	喷浆强度	混凝土配合比	速凝剂掺入量
参数	Z2950/K2950/Z2550/K2550	300.0N·m	80.0kN	80.0～100.0kN	200.0kN	C20	1：2：2	4.0%

3.3 巷道围岩力学性质测定

现场取芯，利用如图 3.5 及图 3.6 所示加工装置，将试件加工成直径 $\phi=50\text{mm}$、高度 $H=100\text{mm}$ 的标准试件，在实验室进行不同岩性围岩内摩擦角、黏结力、泊松比及弹性模量等相关力学参数的测定。

图 3.5　简易切片设备

如图 3.7 所示，通过标准试件抗压强度实验可以测定不同岩性围岩弹性模量、泊松比。弹性模量和泊松比可表示为：

$$E=\frac{\sigma_b-\sigma_a}{\varepsilon_b-\varepsilon_a} \tag{3.1}$$

式中，E 为弹性模量，MPa；σ_a，σ_b 分别为应力-应变曲线线性

图 3.6 岩石双端面磨平设备

阶段 a 点和 b 点两点应力，MPa；ε_a，ε_b 分别为 a 点和 b 点应变。

$$\lambda = \frac{\varepsilon_{db} - \varepsilon_{da}}{\varepsilon_{lb} - \varepsilon_{la}} \tag{3.2}$$

式中，λ 为泊松比；ε_{la}，ε_{lb} 分别为 a 点和 b 点处的纵向应变；ε_{da}，ε_{db} 分别表示 a 点和 b 点处的横向应变。

工程中经常采用体积模量 K 和剪切模量 G 来反映岩土类材料力学性能参数，与弹性模量 E 及泊松比 λ 的关系可示为：

$$K = \frac{E}{3(1-2\lambda)} \tag{3.3}$$

$$G = \frac{E}{2(1+\lambda)} \tag{3.4}$$

不同岩性力学性能参数见表 3.3。

(a) 加载阶段

(b) 破坏阶段

图 3.7 不同岩性围岩弹性模量、泊松比测定

如图 3.8 所示，通过工程实测不同轴向压力作用下的岩石抗剪强度，根据摩尔-库仑理论，岩石抗剪强度可以通过回归分析得出不同岩性围岩黏结力 c 和内摩擦角 φ，如表 3.4 所示。

图 3.8　不同岩性围岩黏结力及内摩擦角测定

表 3.4　不同岩性围岩力学性能参数

岩性	黏结力 c/MPa	内摩擦角 φ/(°)	弹性模量 E/GPa	泊松比 λ	体积模量 K/GPa	剪切模量 G/GPa
泥质砂岩	2.0	32	1.8	0.30	1.50	0.56
砂质泥岩	1.5	28	1.5	0.33	1.47	0.45
泥岩	1.0	22	1.3	0.35	1.44	0.38
断层破碎带	0.7	18	1.20	0.36	1.40	0.35

巷道围岩黏结力 c 和内摩擦角 φ 随变形损伤而衰减。可以通过塑性参数 $\varepsilon^{\mathrm{ps}}$ 来反映岩石强度峰值过后的衰减程度，岩石黏结力 c 和内摩擦角 φ 随塑性参数 $\varepsilon^{\mathrm{ps}}$ 衰减可示为：

$$\varepsilon^{\mathrm{ps}}=\frac{\sqrt{3}}{3}\sqrt{1+\frac{1+\sin\psi}{1-\sin\psi}+\left(1+\frac{1+\sin\psi}{1-\sin\psi}\right)^2\times\frac{\gamma^{\mathrm{p}}(1+\sin\psi)}{2}} \qquad (3.5)$$

式中，$\varepsilon^{\mathrm{ps}}$ 为塑性参数；ψ 为剪胀角；γ^{p} 为剪切应变。

深部煤巷软弱煤岩中剪胀角通常取恒定值，即 $\psi=8°$，则式（3.5）可表示为：

$$\varepsilon^{\mathrm{ps}}=0.664\gamma^{\mathrm{p}} \qquad (3.6)$$

式中，γ^{p} 等于最大主塑性应变 ε_1 和最小主塑性应变 ε_2 的绝对差值：

$$\gamma^{\mathrm{p}}=|\varepsilon_1-\varepsilon_3| \qquad (3.7)$$

将工程现场取样的块体加工成直径 50mm、高 100mm 的标准实验试样。通过 MTS 压力机进行压缩，测出岩石强度峰值后不同卸载位置的最大主塑性应变 ε_1 和最小主塑性应变 ε_2，结合式（3.5）、式（3.6）及式（3.7）得出不同岩性峰后强度 c、φ 与塑性参数 $\varepsilon^{\mathrm{ps}}$ 之间的关系。通过软件分析实验得出的相关数据，可知岩石的黏结力 c 和内摩擦角 φ 与塑性系数 $\varepsilon^{\mathrm{ps}}$ 之间满足回归方程：

$$c=\overline{c}+k_1\mathrm{e}^{-\frac{\varepsilon^{\mathrm{ps}}}{k_2}} \qquad (3.8)$$

$$\varphi=\overline{\varphi}+k_3\mathrm{e}^{-\frac{\varepsilon^{\mathrm{ps}}}{k_4}} \qquad (3.9)$$

式中，$\overline{c}$ 为残余黏结强度，MPa；$\overline{\varphi}$ 为残余内摩擦角，（°）；k_1，k_2，k_3，k_4 分别为相关系数。

根据实验得出岩石强度数据，将其代入式（3.8）、式（3.9）可得出不同岩性的峰后强度 c、φ 与塑性系数 $\varepsilon^{\mathrm{ps}}$ 的衰减回归方程，如表 3.5 所示。

表 3.5　不同岩性围岩峰后强度 c、φ 随 $\varepsilon^{\mathrm{ps}}$ 衰减回归方程

岩性	峰后强度随应变衰减模型	
泥质砂岩	$c=1.3+0.7\mathrm{e}^{-\frac{\varepsilon^{\mathrm{ps}}}{0.0025}}$	$\varphi=27.0+5.0\mathrm{e}^{-\frac{\varepsilon^{\mathrm{ps}}}{0.004}}$
砂质泥岩	$c=1.0+0.5\mathrm{e}^{-\frac{\varepsilon^{\mathrm{ps}}}{0.0030}}$	$\varphi=25.0+3.0\mathrm{e}^{-\frac{\varepsilon^{\mathrm{ps}}}{0.005}}$
泥岩	$c=0.7+0.3\mathrm{e}^{-\frac{\varepsilon^{\mathrm{ps}}}{0.0035}}$	$\varphi=20.0+2.0\mathrm{e}^{-\frac{\varepsilon^{\mathrm{ps}}}{0.006}}$
断层破碎带	$c=0.5+0.2\mathrm{e}^{-\frac{\varepsilon^{\mathrm{ps}}}{0.0040}}$	$\varphi=16.5+1.5\mathrm{e}^{-\frac{\varepsilon^{\mathrm{ps}}}{0.007}}$

　　通过表 3.5 中 ε^{ps} 的衰减回归方程可以看出，只有在塑性参数 ε^{ps} 趋向无穷大时 c、φ 取值才能近似等于残余强度 $\bar{c}$、$\bar{\varphi}$，但是实际通常不存在塑性参数 ε^{ps} 趋于无穷大的情况，一般其值取到一定范围时，即可认为岩石的强度近似等于 $\bar{c}$、$\bar{\varphi}$。项目团队经试验后发现围岩峰后强度超过 1.05 倍的残余强度时，深部软岩就已经进入了残余变形阶段。

第**4**章

袁店二矿西翼回风大巷
合理支护形式及参数选择

针对西翼回风大巷直墙半圆拱巷道断面形状（巷道埋深 $H=750\sim 800\mathrm{m}$，巷道围岩岩性为泥岩、砂质泥岩及泥质砂岩），分析应选择的合理支护形式及参数，并对巷道围岩稳定性进行判别。

4.1 数值模拟方法简介

4.1.1 FLAC3D 软件介绍

FLAC3D 能够对岩石、土体和其他材料进行结构受力和塑性流动分析与模拟，其内置了十分强大的网格生成器，通过匹配和连接内置的 13 种基本网格模型能生成一系列较为复杂的三维结构网格，从而模拟实际结构。FLAC3D 的基本原理主要是拉格朗日有限差分法，利用显式差分方法和动态松弛方法模拟连续介质的非线性力学状态。这种方法源自流体力学中应用的拉格朗日法，通过研究流体质点的运动方式和特点，将整个研究范围同步到网格中。网格划分的节点被看作质点，从而用拉格朗日法研究网格节点随时间变化的运动状态，尤其在大变形、小应变计算模式下能提供强大的动力分析功能。FLAC3D 中内置了十分丰富的材料模型，如空模型、3 个弹性模型和 8 个塑性模型，包括了常用的摩尔-库仑模型、霍克-布朗模型和应变软/硬化模型等。不同模型之间可相互耦合，从而更精准地表达实际工程需要。FLAC3D 还可以模拟各种实体材料与支护结构形式，如锚杆（索）单元（cable）、衬砌单元（liner）、壳单元（shell）、梁单元（beam）、桩单元（pile）等，可以满足多种支护或加固设计需要，同时在建模时还提供了多种网格模型，可以让计算模型更贴合工程实际。此外，FLAC3D 软件中还内置了 FISH 语言，可以自由定义全新的变量与函数，用户还可以通过 C++ 自定义模型来满足各种实际求解问题的需求。该软件拥有极其强大的后处理功能，从最初的 DOS

版更新到现在的 7.0 版本，不仅功能得到了极大的优化与提升，操作界面与应用模块也发生了较大改变，从最初的命令操作到现在的窗口操作都变得十分简便，运行速度也有了质的提高。FLAC3D 一般通过提前编写好的命令流用 TXT 文档直接运行，也可以提前写好命令在运行过程中对某一部位或重要节点设置监测结构单元，其应力应变或者位移量大小能直接在计算进行的同时在 plot 界面显示出来，从而能更加直观地进行分析。FLAC3D 是国际通用的岩土工程专业分析软件，具有强大的计算功能和广泛的模拟能力，尤其在大变形问题的分析方面具有独特的优势。该软件提供的针对岩土体和支护体系的各种本构模型和结构单元更突出了"专业"特性。该软件广泛应用于各种岩土及地下工程，主要应用为各种隧道、边坡、基坑、巷道等，在世界地下及岩土工程范围内广泛使用。与其他工程软件不同的是，大多数软件是基于有限元进行模拟计算，而 FLAC3D 是基于有限差分，通过反复迭代来求解，对于使用者来说可以任意控制精度，在进行大量模拟时可以降低精度标准来寻找规律，这样在极大地节约时间成本的同时，也可以得到初步的规律，便于后期更加精确地仿真计算。

FLAC3D 在计算运行的时候可以通过程序设置来监测结构单元、节点等的应力、变形以及各种物理力学参数的变化，这样就可以为巷道支护提供极大的便利。在巷道或者隧道中为了发挥围岩自承载力，经常会采用二次支护，在加上初期支护构件后，待变形量达到一定值后（通常为总位移量的 80%）进行二次支护。这样就可以更好地发挥岩石自身的强度和减少支护成本。在计算结束后可以输出多种仿真信息，常见的有多种曲线图、云图和分块图、矢量图、动画等。

本书项目使用的是 FLAC3D 5.0 版本，操作界面较之前版本有了很大的改变，并且后处理数据可以不再需要 Tecplot 软件的配合，在计算结束后可以直接提取某一位置的云图或者是曲线，每个节点的数据也能直接提取到 Excel 表格中通过 Origin 生成曲线图，能更快速地对模拟结果进行分析。

采用 FLAC3D 对岩土工程进行数值模拟时，有三个必须指定的基本部分，即有限差分网格、材料特性（property）和本构关系、边界条件和初始条件。合理的网格划分是数值计算的前提，也是前处理的重要部分，主要是用来定义计算模型的几何形状。本构关系和对应的材料特性主要用来呈现模型在外部荷载的作用下岩体和土体之间的应力-应变关系。边界条件和初始条件则用来表征模型的初始状态，即在本工程中巷道开挖前的状态。

4.1.2 模型的范围与网格划分

如图 3.4(a) 所示的西翼回风大巷的断面为直墙半圆拱形，断面尺寸为 4800mm×1400mm 的矩形和半径为 2400mm 的半圆形。巷道开挖后围岩受影响的范围通常为巷道直径的 6 倍左右，并且对巷道实际长度数值计算的结果影响不大。为了简化模型，最终模型的建立范围为水平和垂直方向（即 X、Z 方向）各取 60m，而 Y 方向取锚杆支护间排距大小。

网格是由最基本的单元体组成的，是分析对象的最小变化空间区域范围，网格划分是建立数值计算模型的前提。FLAC3D 内置了 13 种基本网格，可分为 4 大类，分别是块形网格、退化网格、放射状网格和交叉网格。结合巷道断面情况，该模型的建立使用了六面体隧道外围渐变放射网格和柱形隧道外围渐变放射网格两种。一般来说，网格划分得越细，运算结果越精确，但网格数量过多会导致运行速度缓慢，所以实际需要根据断面尺寸通过不断调试才能使网格的划分由粗糙到细致。因为直墙半圆拱断面具有竖向对称性，所以模型的初步建立以半圆的圆心为中心点，选择对称一半断面来建模计算，从而减少网格的数量，提高模型计算的速度。基本模型和结构网格划分见图 4.1。

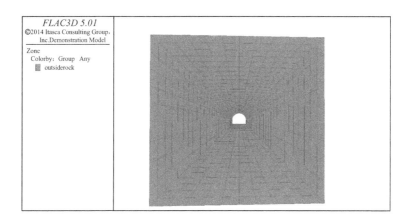

图 4.1 基本模型和结构网格划分

4.1.3 本构模型

本构模型是指在外部荷载的作用下岩体和土体之间的应力-应变关系，是对岩体土体等材料力学性质的一种经验性描述。选择合理的本构模型是模拟实际工程情况的关键步骤。只有通过已知的材料力学特性，结合不同本构关系的适用范围，才能找到符合实际工程的本构模型。

深埋巷道岩石的计算模型一般采用应变软化模型，本书选用应变软化模型来模拟深部巷道软弱煤岩的破碎范围和失稳过程。随着巷道开挖深度的不断增加，岩石内部的裂纹不断变大，使得围岩在非线性阶段的强度大大降低。若变形继续增加，则会使岩石强度迅速降低发生劣化现象，称为"应变软化"。应变软化模型能充分体现岩石强度峰值后的应力软化特征，与深部地下工程的实际力学特性最为接近，是模拟深部巷道软弱煤岩破碎状态和失稳过程的最佳选择。对于应变软化模型，需要自行定义黏结力、内摩擦角、剪胀角随着塑性参数的变化。

4.1.4 边界条件

在 FLAC3D 建模中，模型的条件主要有边界条件和初始条件。边界条件主要是指施加位移约束的位移边界条件和施加应力约束的应力边界条件，通常用 apply 命令施加。边界条件在模型计算的任意时刻均存在并且保持不变，如模拟巷道上部所施加的原岩应力为自重荷载。初始条件与边界条件的不同之处在于通过 ini 命令施加的初始条件只在模型的初始阶段进行赋值，计算过程中可以进行改变，如初始地应力。在计算过程中，随着计算模型位移的产生，其内部的应力将不断进行调整和重分配。

边界条件在 FLAC3D 中又可以分为人工边界条件和自然边界条件两大类。自然边界条件是在建立模型过程中，模拟对象真实存在的位移、应变等限制条件，如基坑开挖边界、地表面、巷道或隧道开挖后的断面表面等，这些是实际工程中必然存在的基本条件。而之所以会有人工条件的出现，是因为现实中绝大部分的工程实例都没办法完全通过计算机模拟出来。例如一些煤矿巷道埋深近千米，考虑到计算的有效性和可实现性，不可能将模型做到与工程实际完全一致，软件无法将其全部包含在内，因此就需要人为将模型简化，利用人工边界简化工程实际情况，通过研究计算出不影响模拟结果的大致范围，以此来代表实际的整体结果，最典型的就是在深埋巷道中利用均布荷载模拟岩土体的自重应力。本书模拟的西翼回风大巷根据断面和地质情况，需要用命令 apply 来设置原岩应力大小，从而模拟真实情况。FLAC3D 不可以直接进行位移控制，因此需要命令 fix 进行位移控制。固定边界为巷道 X、Z 方向 60m 范围，而 Y 方向只取 0.8m，超过这个范围则认为影响几乎可以忽略不计。由于巷道埋深 800m 左右，通过计算土体上方的自重荷载，在巷道竖直方向上施加等同于该荷载的应力条件来模拟该荷载。

4.1.5　锚杆（索）的模拟过程

锚杆（索）多用于岩土工程中的加固支护，书中项目主要通过 cable 单元来模拟锚杆锚索的支护。主要考虑自由段、锚固段、托盘等问题，模拟时需要进行一定的处理才能获得较为接近实际的效果，尤其是对托盘的模拟，模拟方法决定了锚杆（索）的受力状态。锚杆的锚固段采用锚固剂将预应力锚杆（索）与岩层黏结成一个区域，增大锚固体与围岩的黏结摩擦作用，增强锚固体承压能力并将自由段的拉力传至围岩深处。自由段则可以用来施加预紧力并通过托盘将螺母拧紧产生的力矩推力传到锚固体区域，从而产生初锚力。扭矩与预紧力之间存在一定的转化关系，通过查找相关数据并考虑扭矩的损失量可知。书中项目初始扭矩不小于 300N·m，结合锚杆直径得出锚杆预紧力的大约取值为 $F=70$kN，锚索预紧力取为 $F=100$kN。锚杆预紧力大小一般不超过其抗拉强度的 2/3，自由段长度一般取锚杆长度的 0.6 倍左右，本书模拟的锚杆长度为 2600mm，将自由段与锚固段一共分为 14 段，其中锚固段为 5 段，自由段为 9 段，锚索也是同样的段数划分。预应力锚杆（索）结构示意如图 4.2 所示。

FLAC3D 软件对锚杆（索）的模拟，主要是对托盘的优化处理。通常对预应力锚杆托盘的模拟有三种方法：

① 通过删除再建立新链接来模拟托盘；

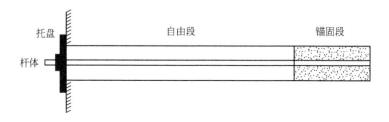

图 4.2　预应力锚杆（索）结构示意

② 通过设置极大锚固剂参数来模拟托盘；

③ 利用 liner 单元用 node 链接新的 link 来模拟托盘。

本书使用方法②来模拟托盘，对锚杆（索）的端部、自由段和锚固段赋予不同的锚固剂参数，在 2-9 段的自由段中赋予极低强度黏结剂参数，10-14 段的锚固段中赋予高强度的黏结剂参数，而 1-1 段用来模拟锚杆端部托盘，采用极大强度的黏结剂参数，这样当锚杆（索）受力时，端部将难以产生滑动，从而相当于托盘的作用效果。

4.2　不同岩性巷道围岩变形破碎随埋深变化

4.2.1　围岩变形破碎数值计算模型

巷道数值计算模型见图 4.3。模型左右边界及底部边界施加固定约束，顶部施加不同原岩应力 p，采用数值模拟方法分析不同埋深（即原岩应力 $p = 8.0\text{MPa}$、12.0MPa、14.0MPa、16.0MPa、20.0MPa 时）巷道围岩岩性为泥岩、砂质泥岩、泥质砂岩条件下的围岩松动破碎变形。围岩变形本构方程选择软岩应变软化模型，泥岩、砂质泥岩、泥质砂岩围岩变形本构方程参考表 3.5。

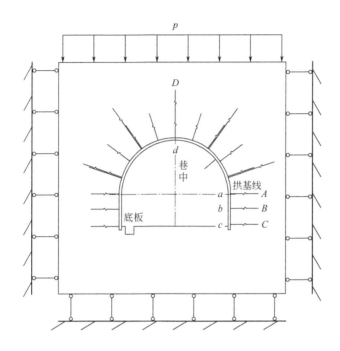

图 4.3 巷道数值计算模型

4.2.2 不同岩性巷道围岩松动破碎范围随埋深变化

不同岩性巷道围岩不同原岩应力（即不同深度）黏结力分布见图 4.4～图 4.6。

4.2.3 数值计算结果及分析

（1）不同岩性巷道围岩松动破碎范围分布随埋深变化

如图 4.3 所示，取巷道 aA、bB、cC、dD 四个典型部位分别监测其残余强度，巷道围岩岩性为泥岩、砂质泥岩、泥质砂岩时，不同

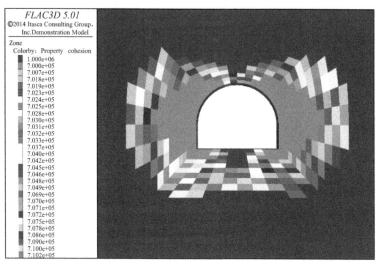

(a) *p*=8.0MPa

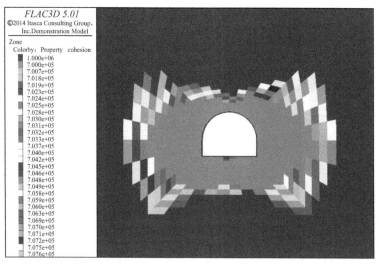

(b) *p*=12.0MPa

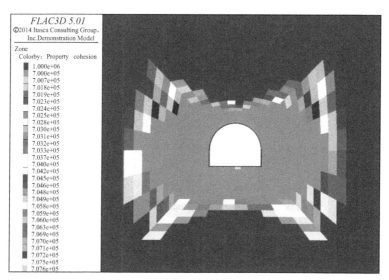

(c) p=14.0MPa

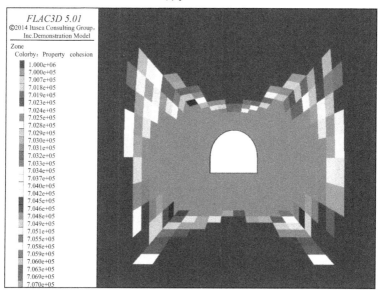

(d) p=16.0MPa

图 4.4

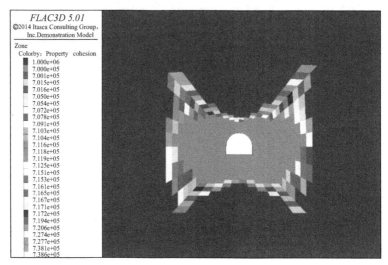

(e) p=20.0MPa

图 4.4　不同深度巷道围岩黏结力分布（泥岩）

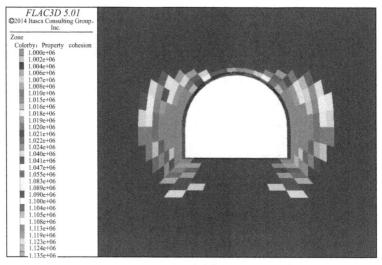

(a) p=8.0MPa

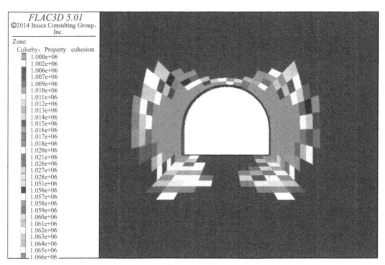

(b) p=12.0MPa

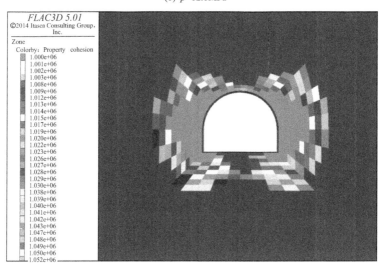

(c) p=14.0MPa

图 4.5

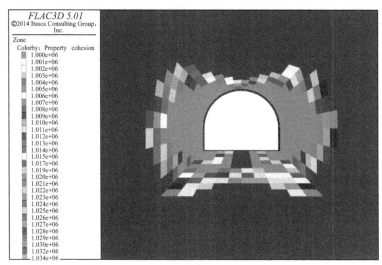

(d) p=16.0MPa

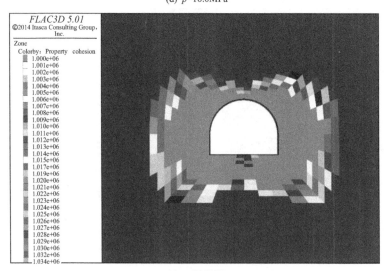

(e) p=20.0MPa

图 4.5　不同深度巷道围岩黏结力分布（砂质泥岩）

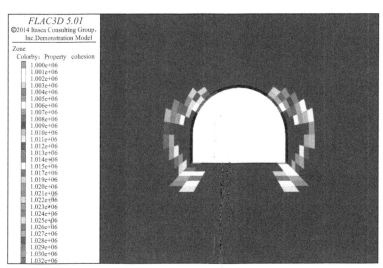

(a) p=8.0MPa

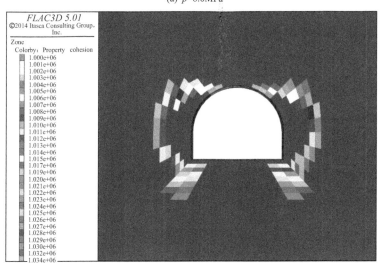

(b) p=12.0MPa

图 4.6

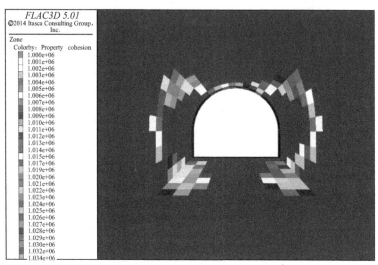

(c) p=14.0MPa

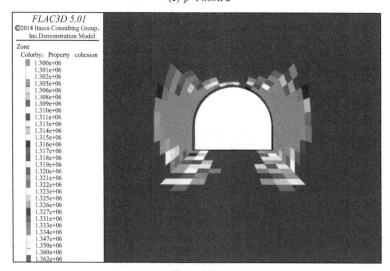

(d) p=16.0MPa

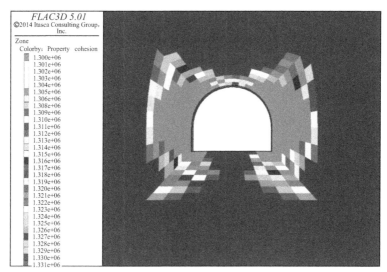

(e) p=20.0MPa

图 4.6　不同深度巷道围岩黏结力分布（泥质砂岩）

原岩应力作用巷道围岩黏结力分布见图 4.7～图 4.11。

依据以上计算结果，对巷道 aA、bB、cC、dD 四个典型部位的黏结力分布进行分析，以围岩破碎强度（即残余强度 $\bar{c}$）的范围为松动破碎范围，不同岩性巷道围岩典型部位松动破碎范围随埋深（即原岩应力）变化见图 4.12。

根据上述计算结果得出以下结论。

① 围岩岩性为泥岩、砂质泥岩及泥质砂岩时直墙半圆拱巷道顶部 dD 方向松动破碎范围较其他部位变化得较小，随巷道埋深（即原岩应力 p）增加，顶部破碎范围增加得也相对缓慢。

② 随着巷道埋深增加，围岩岩性为泥岩、砂质泥岩及泥质砂岩

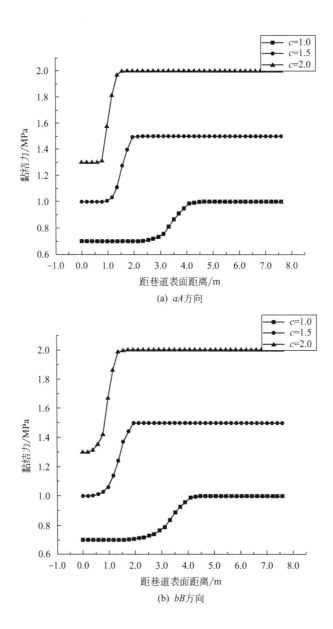

(a) aA 方向

(b) bB 方向

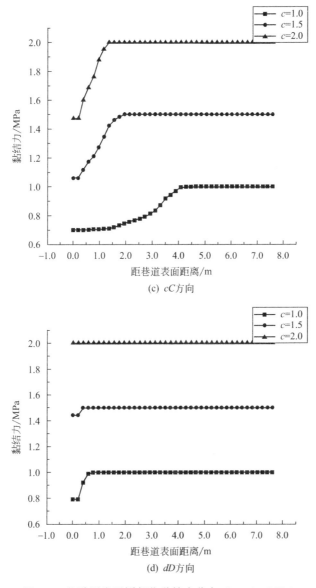

(c) *cC*方向

(d) *dD*方向

图 4.7　巷道围岩不同部位黏结力分布（*p* = 8.0MPa）

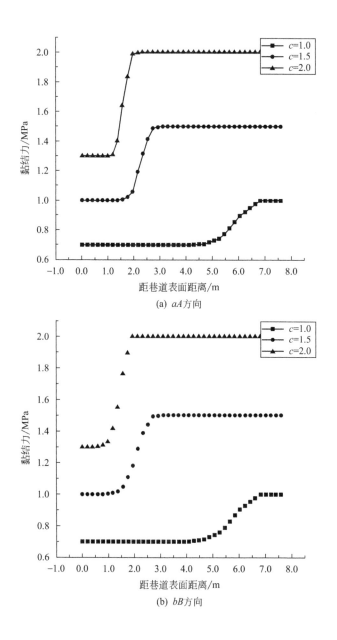

(a) aA方向

(b) bB方向

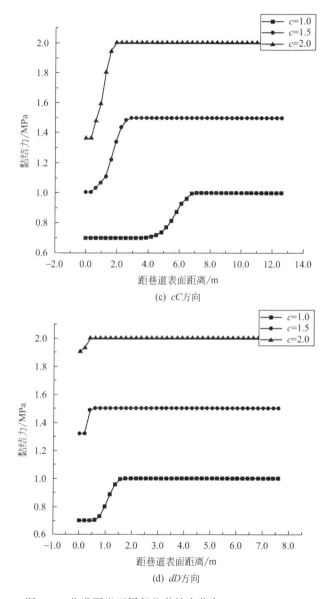

(c) cC 方向

(d) dD 方向

图 4.8　巷道围岩不同部位黏结力分布（$p=12.0$MPa）

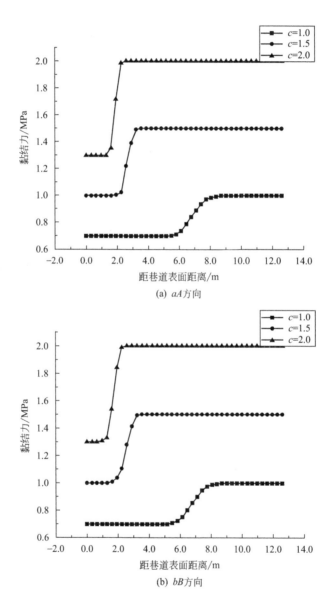

(a) aA 方向

(b) bB 方向

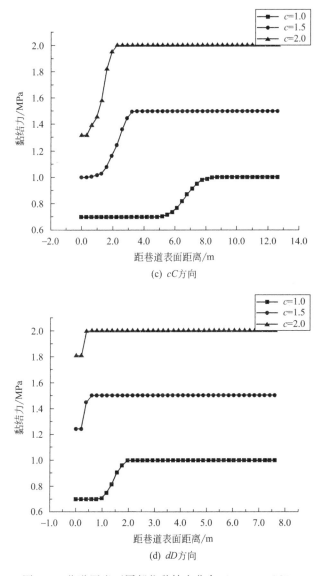

(c) cC方向

(d) dD方向

图 4.9　巷道围岩不同部位黏结力分布（p＝14.0MPa）

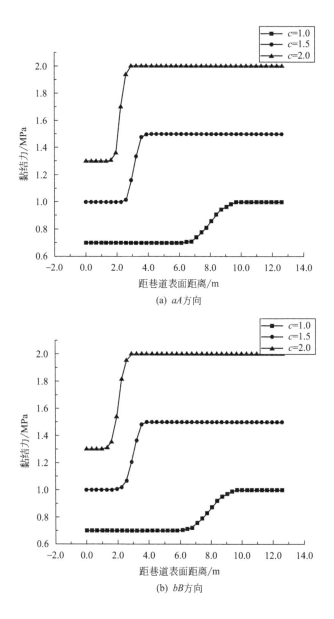

(a) aA方向

(b) bB方向

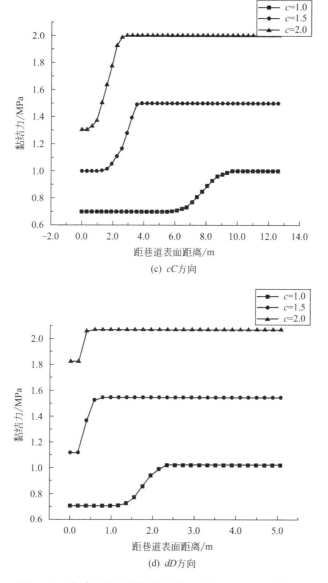

(c) cC 方向

(d) dD 方向

图 4.10　巷道围岩不同部位黏结力分布（$p = 16.0\text{MPa}$）

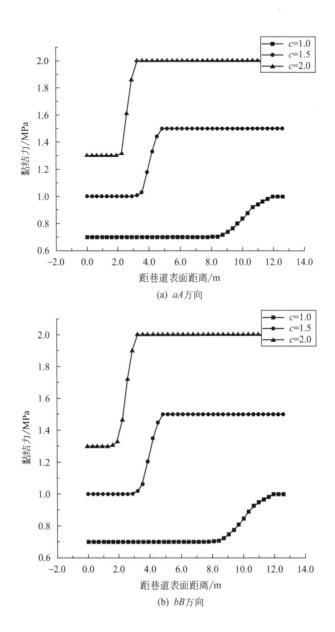

(a) aA 方向

(b) bB 方向

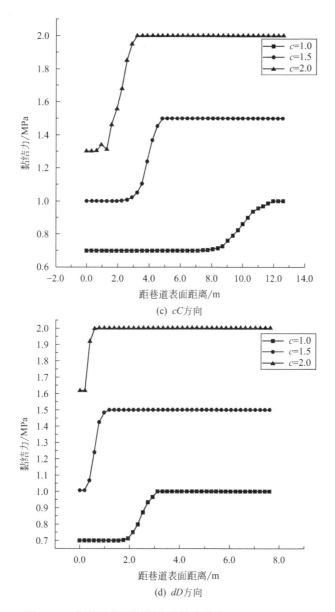

(c) cC方向

(d) dD方向

图 4.11　巷道围岩不同部位黏结力分布（$p=20.0$MPa）

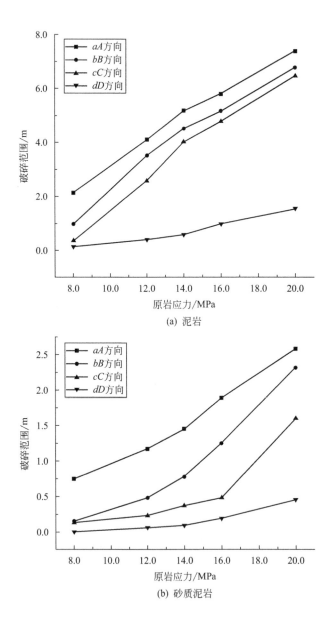

(a) 泥岩

(b) 砂质泥岩

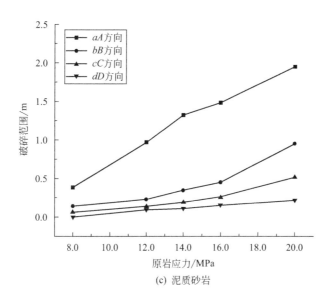

(c) 泥质砂岩

图 4.12 不同岩性巷道围岩典型部位松动破碎范围随原岩应力变化

时，直墙半圆拱巷道帮部 aA 部位、bB 部位、cC 部位围岩松动破碎范围都产生较为显著的增加，其中泥岩岩性增长速度最大。围岩岩性为砂质泥岩、泥质砂岩，且原岩应力 $p \geqslant 16.0$MPa 时，巷道帮部 bB 和 cC 部位破碎范围增长速率最大。围岩岩性为泥岩，$p \geqslant 16.0$MPa 时，巷道帮部各部位都有较大破碎范围。

③ 对于原岩应力 $p \geqslant 16.0$MPa 的深部巷道，当围岩岩性为泥岩时，帮部各部位都产生较大范围松动破碎，当围岩岩性为泥质砂岩、砂质泥岩时，巷道拱基线（aA）部位松动破碎范围较其他部位明显，巷道拱基线部位为易于"失稳"的关键部位。

（2）不同岩性巷道围岩松动破碎程度分布随埋深变化

取如图 4.3 所示巷道典型部位，巷道围岩不同部位位移 u 随距巷道表面距离 r 的变化如图 4.13～图 4.15 所示。

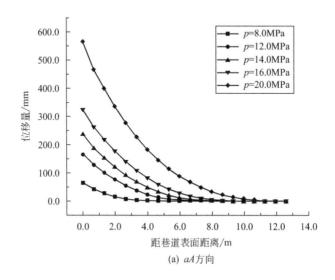

(a) aA方向

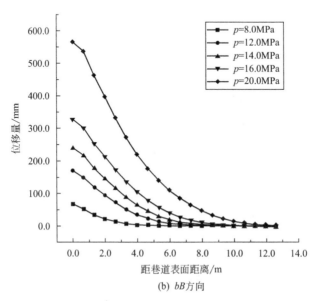

(b) bB方向

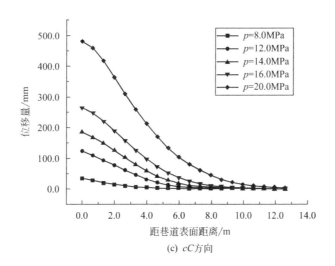

(c) cC方向

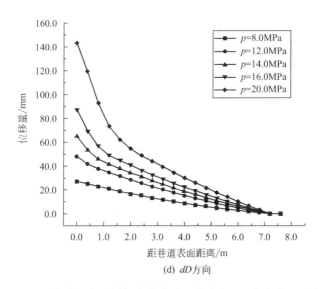

(d) dD方向

图 4.13　巷道围岩不同部位位移随距巷道表面距离变化（泥岩）

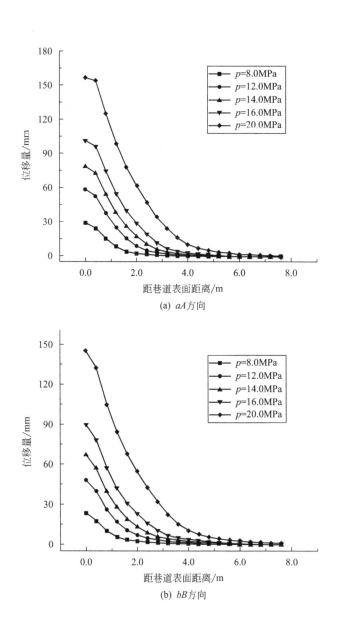

(a) *aA* 方向

(b) *bB* 方向

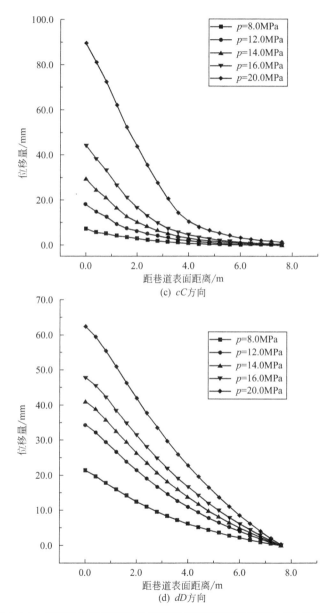

(c) cC方向

(d) dD方向

图 4.14 巷道围岩不同部位位移随距巷道表面距离变化（砂质泥岩）

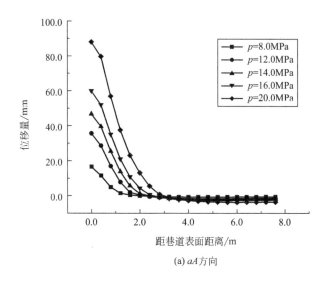

(a) *aA*方向

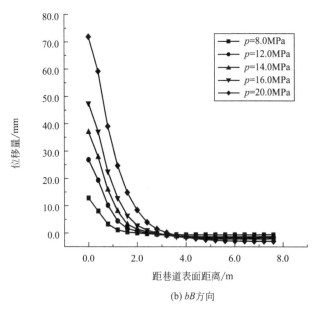

(b) *bB*方向

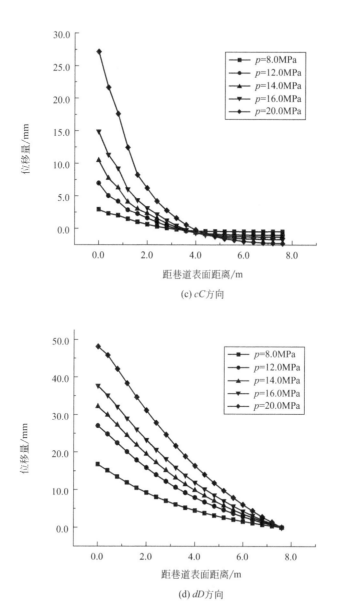

图 4.15　巷道围岩不同部位位移随距巷道表面距离变化（泥质砂岩）

根据图 4.13～图 4.15 所示围岩位移 u 随距离 r 变化特征，回归分析巷道围岩位移 u 随距巷道表面距离 r 的变化，得出以下回归方程：

$$u = u_0 + y_0 e^{-R_0 r} \tag{4.1}$$

式中，u_0 为系数，m；y_0 为系数，m；R_0 为系数，m。

回归方程系数具体如表 4.1 所示。

表 4.1　巷道不同部位在不同原岩应力下的回归方程系数

原岩应力 p	部位	回归系数	岩性		
			泥岩	砂质泥岩	泥质砂岩
8.0MPa	aA 方向	y_0	8.75×10^{-2}	3.18×10^{-2}	1.83×10^{-2}
		R_0	-5.11×10^{-1}	-1.00	-1.39
	bB 方向	y_0	7.32×10^{-2}	2.43×10^{-2}	1.38×10^{-2}
		R_0	-5.84×10^{-1}	-1.10	-1.47
	cC 方向	y_0	3.69×10^{-2}	7.50×10^{-3}	3.76×10^{-3}
		R_0	-4.35×10^{-1}	-4.44×10^{-1}	-5.53×10^{-1}
	dD 方向	y_0	4.84×10^{-2}	2.76×10^{-2}	2.02×10^{-2}
		R_0	-1.24×10^{-1}	-2.07×10^{-1}	-2.40×10^{-1}
12.0MPa	aA 方向	y_0	2.29×10^{-1}	6.61×10^{-2}	4.06×10^{-2}
		R_0	-2.67×10^{-1}	-7.83×10^{-1}	-1.09
	bB 方向	y_0	2.08×10^{-1}	5.13×10^{-2}	2.95×10^{-2}
		R_0	-2.90×10^{-1}	-8.80×10^{-1}	-1.19
	cC 方向	y_0	1.67×10^{-1}	1.87×10^{-2}	8.25×10^{-3}
		R_0	-2.10×10^{-1}	-5.18×10^{-1}	-5.58×10^{-1}
	dD 方向	y_0	7.65×10^{-2}	4.93×10^{-2}	3.51×10^{-2}
		R_0	-1.41×10^{-1}	-1.66×10^{-1}	-2.01×10^{-1}
14.0MPa	aA 方向	y_0	3.39×10^{-1}	8.94×10^{-2}	5.41×10^{-2}
		R_0	-2.07×10^{-1}	-6.93×10^{-1}	-9.63×10^{-1}
	bB 方向	y_0	3.13×10^{-1}	7.16×10^{-2}	4.08×10^{-2}
		R_0	-2.26×10^{-1}	-7.69×10^{-1}	-1.09

原岩应力 p	部位	回归系数	岩性		
			泥岩	砂质泥岩	泥质砂岩
14.0MPa	cC 方向	y_0	2.84×10^{-1}	3.06×10^{-2}	1.21×10^{-2}
		R_0	-1.59×10^{-1}	-5.12×10^{-1}	-5.89×10^{-1}
	dD 方向	y_0	8.38×10^{-2}	6.26×10^{-2}	4.39×10^{-2}
		R_0	-2.00×10^{-1}	-1.49×10^{-1}	-1.83×10^{-1}
16.0MPa	aA 方向	y_0	4.83×10^{-1}	1.17×10^{-1}	6.98×10^{-2}
		R_0	-1.67×10^{-1}	-6.08×10^{-1}	-8.76×10^{-1}
	bB 方向	y_0	4.50×10^{-1}	9.71×10^{-2}	5.27×10^{-2}
		R_0	-1.89×10^{-1}	-6.71×10^{-1}	-9.90×10^{-1}
	cC 方向	y_0	4.54×10^{-1}	4.79×10^{-2}	1.71×10^{-2}
		R_0	-1.24×10^{-1}	-4.87×10^{-1}	-5.96×10^{-1}
	dD 方向	y_0	9.86×10^{-2}	7.80×10^{-2}	5.33×10^{-2}
		R_0	-2.70×10^{-1}	-1.34×10^{-1}	-1.70×10^{-1}
20.0MPa	aA 方向	y_0	6.70×10^{-1}	1.84×10^{-1}	1.03×10^{-1}
		R_0	-3.15×10^{-1}	-4.75×10^{-1}	-7.57×10^{-1}
	bB 方向	y_0	6.69×10^{-1}	1.61×10^{-1}	8.02×10^{-2}
		R_0	-3.57×10^{-1}	-5.00×10^{-1}	-8.55×10^{-1}
	cC 方向	y_0	9.17×10^{-1}	1.03×10^{-1}	3.08×10^{-2}
		R_0	-9.51×10^{-2}	-3.75×10^{-1}	-5.98×10^{-1}
	dD 方向	y_0	1.54×10^{-1}	1.11×10^{-1}	7.54×10^{-2}
		R_0	-3.53×10^{-1}	-1.15×10^{-1}	-1.43×10^{-1}

　　松动破碎程度以位移梯度大小示之，位移梯度可示为：$v = \left| \dfrac{\mathrm{d}u}{\mathrm{d}r} \right|$。巷道围岩不同岩性不同原岩应力典型部位破碎程度随距巷道表面距离的变化见图 4.16～图 4.19。

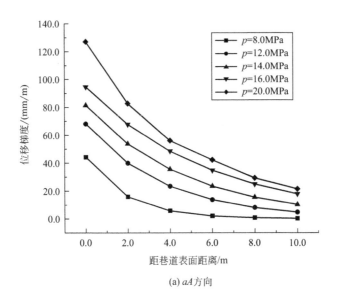

(a) aA方向

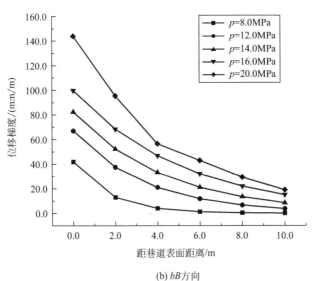

(b) bB方向

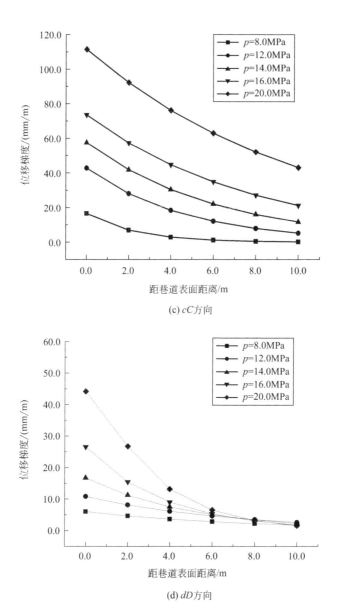

(c) cC方向

(d) dD方向

图 4.16 巷道围岩典型部位破碎程度随距巷道表面距离的变化（泥岩）

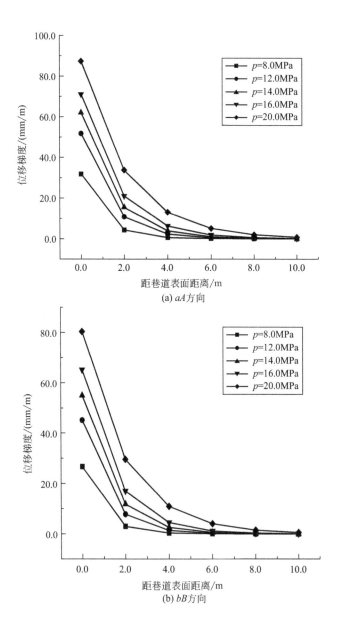

(a) aA方向

(b) bB方向

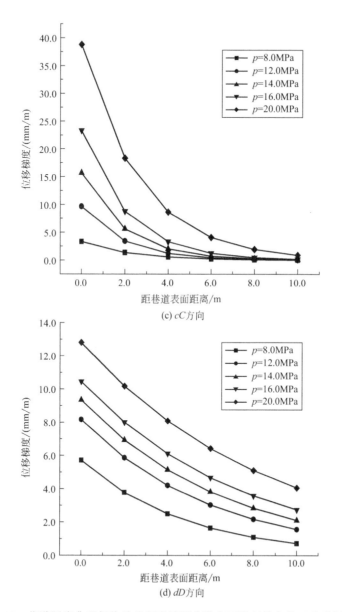

(c) cC 方向

(d) dD 方向

图 4.17　巷道围岩典型部位破碎程度随距巷道表面距离的变化（砂质泥岩）

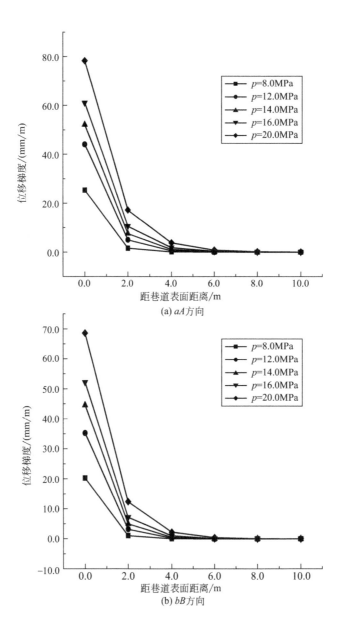

(a) aA方向

(b) bB方向

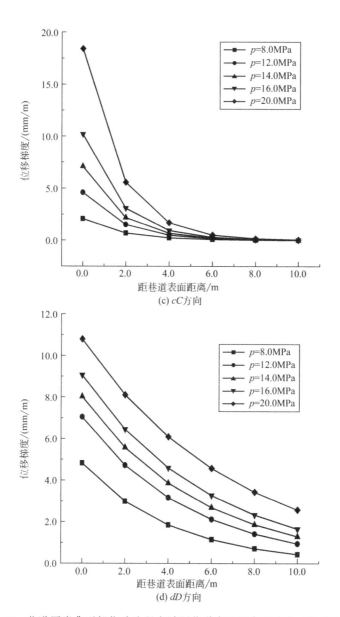

图 4.18　巷道围岩典型部位破碎程度随距巷道表面距离的变化（泥质砂岩）

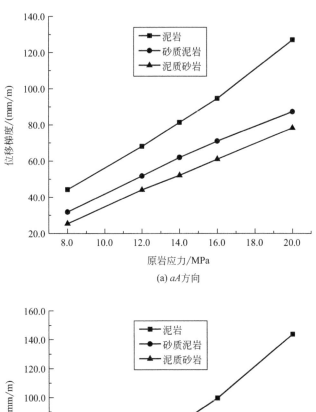

(a) aA 方向

(b) bB 方向

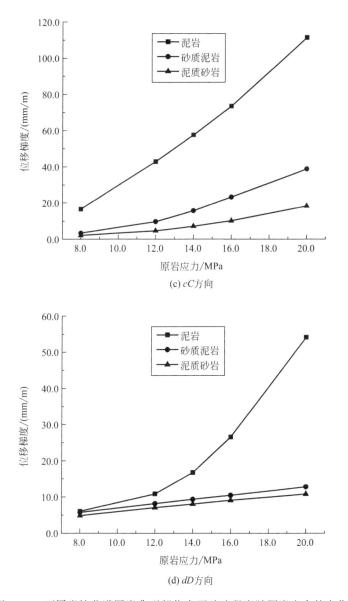

(c) cC方向

(d) dD方向

图 4.19　不同岩性巷道围岩典型部位表面破碎程度随原岩应力的变化

通过图 4.18、图 4.19 可知，不同巷道埋深（H），围岩帮部不同部位的位移梯度随着距巷道表面距离增加呈指数衰减，但顶部 dD 方向位移梯度较小且衰减程度较慢。随着巷道埋深不断增加，围岩表面破碎程度不断加大，围岩岩性对围岩表面破碎程度有显著影响，围岩岩性为泥岩时巷道表面碎胀程度最大。原岩应力 $p=8.0\mathrm{MPa}$、$12.0\mathrm{MPa}$、$14.0\mathrm{MPa}$、$16.0\mathrm{MPa}$、$20.0\mathrm{MPa}$，围岩岩性为泥岩时巷道 aA 方向最大位移梯度分别为 $44.2\mathrm{mm/m}$、$68.1\mathrm{mm/m}$、$81.4\mathrm{mm/m}$、$94.6\mathrm{mm/m}$、$127.1\mathrm{mm/m}$；bB 方向的最大位移梯度分别为 $41.7\mathrm{mm/m}$、$66.9\mathrm{mm/m}$、$82.2\mathrm{mm/m}$、$99.7\mathrm{mm/m}$、$143.9\mathrm{mm/m}$；cC 方向的最大位移梯度分别为 $16.6\mathrm{mm/m}$、$42.8\mathrm{mm/m}$、$57.5\mathrm{mm/m}$、$73.5\mathrm{mm/m}$、$111.4\mathrm{mm/m}$；dD 方向的最大位移梯度分别为 $6.0\mathrm{mm/m}$、$10.8\mathrm{mm/m}$、$16.7\mathrm{mm/m}$、$26.5\mathrm{mm/m}$、$54.1\mathrm{mm/m}$。

以上结果表明：深部软弱泥岩巷道帮部中上部各部位都产生明显碎胀，不同部位围岩在 2.0m 范围内产生了较为显著的过度碎胀，原岩应力和围岩岩性对松动圈内围岩破碎程度都有显著影响。在距巷道表面一定距离后，煤岩从松动破碎状态逐渐进入微裂隙状态，碎胀程度呈指数衰减。

4.3 不同锚杆支护参数围岩松动破碎分析

4.3.1 锚杆长度

根据巷道埋深，取原岩应力 $p=16.0\mathrm{MPa}$，选择松动破碎最为显著的拱基线部位，锚杆直径、锚杆种类、锚杆预紧力等参数按表 3.3 选取。分析不同锚杆长度（$L=1500\mathrm{mm}$、$1800\mathrm{mm}$、$2000\mathrm{mm}$、$2300\mathrm{mm}$、$2600\mathrm{mm}$）时该部位围岩的松动破碎。

（1）围岩松动破碎范围

计算得出不同锚杆长度该部位黏结力分布如图 4.20 所示。

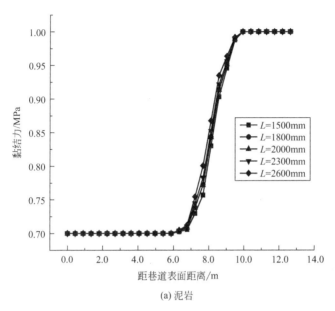

(a) 泥岩

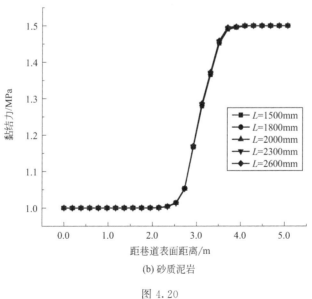

(b) 砂质泥岩

图 4.20

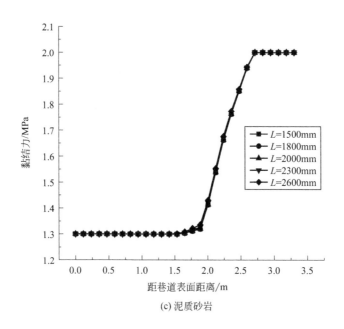

(c) 泥质砂岩

图 4.20　不同锚杆长度巷道围岩黏结力分布

　　以围岩中残余强度分布范围作为松动破碎范围，以上计算结果表明：不同岩性深部巷道，锚杆长度对围岩松动破碎影响较小。

　　（2）围岩松动破碎程度

　　以围岩不同部位的位移梯度作为该部位碎胀程度，不同岩性不同锚杆长度巷道围岩位移分布及碎胀程度分布见图 4.21～图 4.24。

　　计算结果表明：锚杆长度对巷道围岩位移及碎胀程度产生了一定程度影响。锚杆长度对巷道表面位移及碎胀程度影响见图 4.23 及图 4.24。

　　依据图 4.23 和图 4.24，不同岩性，随锚杆长度增加，巷道表面

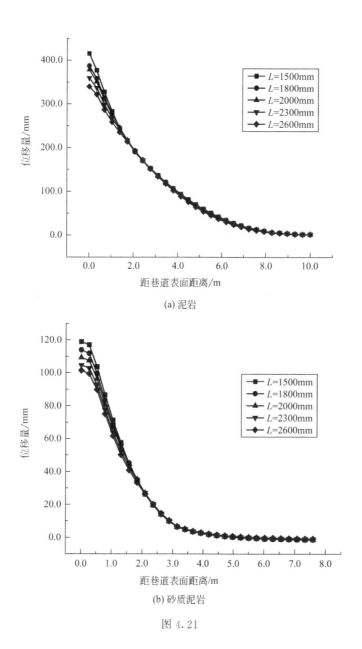

(a) 泥岩

(b) 砂质泥岩

图 4.21

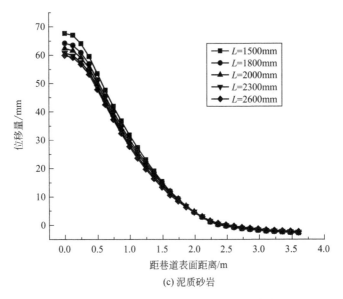

(c) 泥质砂岩

图 4.21　不同锚杆长度巷道围岩位移分布

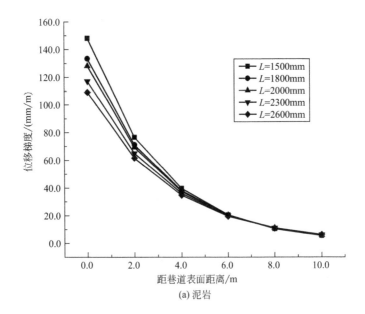

(a) 泥岩

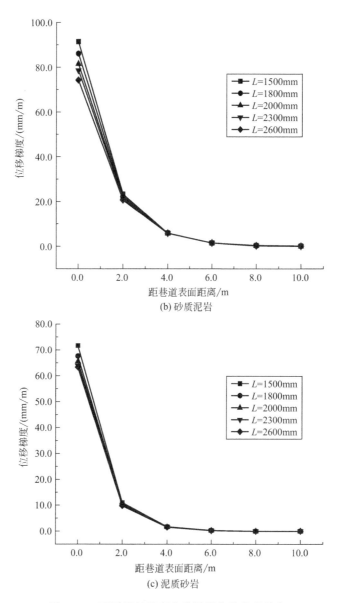

(b) 砂质泥岩

(c) 泥质砂岩

图 4.22　不同锚杆长度巷道围岩位移梯度分布

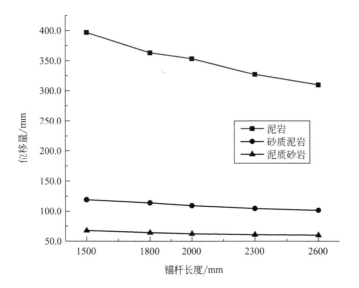

图 4.23　不同岩性巷道围岩表面位移随锚杆长度变化

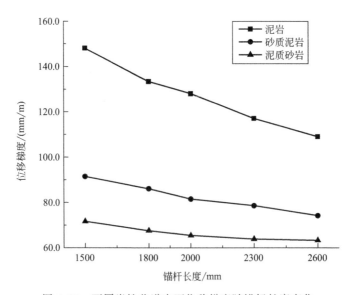

图 4.24　不同岩性巷道表面位移梯度随锚杆长度变化

位移量减小，位移梯度值也相应减小。当锚杆长度由 $L=1500\text{mm}$ 增加至 $L=2600\text{mm}$ 时，泥岩巷道表面位移由 $u=396.0\text{mm}$ 减少至 $u=310.0\text{mm}$，巷道表面位移减少约 22%；砂质泥岩巷道表面位移量由 $u=119.0\text{mm}$ 减少至 $u=101.0\text{mm}$，减少率为 15.1%；泥质砂岩巷道表面位移量由 $u=68.0\text{mm}$ 减少至 $u=60.0\text{mm}$，减少率为 11.7%。围岩岩性为泥岩和砂质泥岩，锚杆长度增加对巷道围岩表面位移影响较为显著，即使锚杆长度增加至 $L=2600\text{mm}$，巷道表面位移仍为 $u\geqslant100\text{mm}$，锚杆长度宜取为 $L=2600\text{mm}$；围岩岩性为泥质砂岩，锚杆长度增加，巷道表面位移减少约为 10%，影响较小，且巷道表面位移 $u\leqslant70\text{mm}$，宜取锚杆长度 $L=2000\text{mm}$，在保证安全的前提下节约成本。

锚杆长度分别为 $L=1500\text{mm}$、1800mm、2000mm、2300mm、2600mm，围岩岩性为泥岩时不同锚杆长度巷道表面位移梯度分别为 $v=148.1\text{mm/m}$、133.4mm/m、128.1mm/m、117.1mm/m、109.1mm/m；围岩岩性为砂质泥岩时不同锚杆长度巷道表面位移梯度分别为 $v=91.4\text{mm/m}$、86.1mm/m、81.5mm/m、78.6mm/m、74.2mm/m；围岩岩性为泥质砂岩时不同锚杆长度巷道表面位移梯度分别为 $v=71.7\text{mm/m}$、67.6mm/m、65.5mm/m、63.9mm/m、63.3mm/m。对于泥岩和砂质泥岩，不同锚杆长度巷道表面碎胀程度变化较大，锚杆越短巷道表面碎胀程度越大，增加幅度分别为 10.1% 和 5.8%；对于泥质砂岩，巷道表面碎胀程度在锚杆长度 $L=(2000\sim3000)\text{mm}$ 之间变化较小，宜取锚杆长度 $L=2000\text{mm}$；对于泥岩和砂质泥岩，不同锚杆长度对巷道围岩表面碎胀程度影响显著，应取锚杆长度 $L=2600\text{mm}$。

4.3.2 锚杆间排距

　　以上分析表明：围岩岩性为泥岩和砂质泥岩时，即使锚杆长度 $L=2600\text{mm}$，巷道表面也产生显著变形，必须通过减少锚杆间排距来增加巷道围岩稳定性。当锚杆间排距由 $a\times b=800\text{mm}\times800\text{mm}$ 减少为 $a\times b=500\text{mm}\times500\text{mm}$ 时，巷道围岩泥岩和砂质泥岩位移分布（即碎胀分布）、黏结力分布（即破碎范围分布）、位移梯度分布（即碎胀程度分布）见图 4.25 和图 4.26。

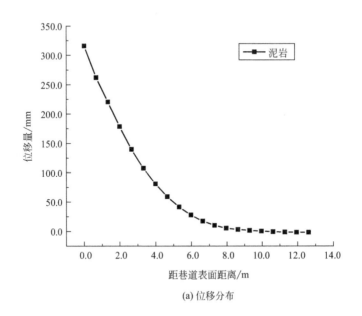

(a) 位移分布

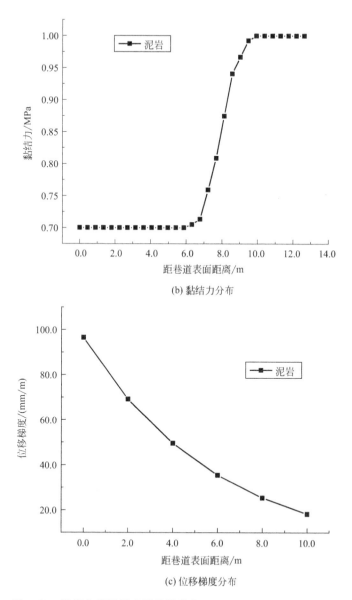

(b) 黏结力分布

(c) 位移梯度分布

图 4.25　泥岩巷道围岩变形碎胀分布（$a \times b = 500\text{mm} \times 500\text{mm}$）

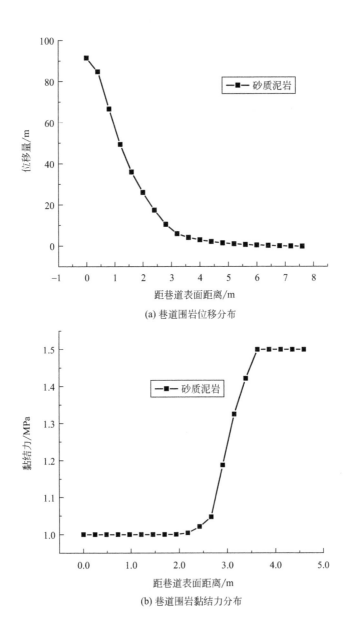

(a) 巷道围岩位移分布

(b) 巷道围岩黏结力分布

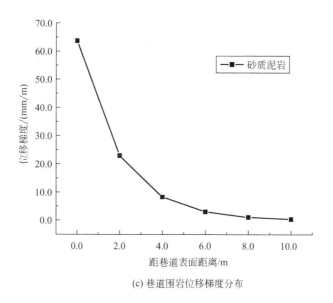

(c) 巷道围岩位移梯度分布

图 4.26　砂质泥岩巷道围岩变形碎胀分布（$a \times b = 500\text{mm} \times 500\text{mm}$）

由图 4.25 可知，泥岩巷道中锚杆间排距由 $a \times b = 800\text{mm} \times 800\text{mm}$ 减少至 $a \times b = 500\text{mm} \times 500\text{mm}$ 时，巷道表面位移由 $u = 340\text{mm}$ 减少至 $u = 316\text{mm}$，减少约 6.6%；位移梯度值也由 $v = 110.0\text{mm/m}$ 减少至 $v = 96.0\text{mm/m}$，但破碎范围几乎没有变化。对于泥岩岩性，减小锚杆间排距对巷道围岩破碎范围影响不显著，但对巷道围岩变形和破碎程度具有一定影响，巷道围岩表面最大位移量下降了约 24.0mm。

由图 4.26 可知，砂质泥岩巷道中锚杆间排距由 $a \times b = 800\text{mm} \times 800\text{mm}$ 减少至 $a \times b = 500\text{mm} \times 500\text{mm}$ 时，巷道表面位移由 $u = 101.0\text{mm}$ 减少至 $u = 91.0\text{mm}$，减少约 10%；位移梯度值也由 $v = 74.0\text{mm/m}$ 减少至 $v = 64.0\text{mm/m}$，但破碎范围几乎没有变化。对

于砂质泥岩，减小锚杆间排距对巷道围岩的破碎范围影响同样不显著，但对巷道围岩变形和破碎程度具有影响，其中巷道围岩表面最大位移量 u 减少约 10.0mm，巷道表面位移满足 $u \leqslant 100$mm，巷道围岩可以保持稳定。

4.3.3　关键部位加锚索

（1）泥岩

巷道围岩岩性为泥岩时，减少锚杆间排距至 $a \times b = 500$mm $\times$ 500mm，巷道围岩表面变形仍满足 $u \geqslant 300$mm，难以保持稳定；考虑到帮部不同部位都产生了较为显著的破碎，在 aA、bB 和 cC 部位各布置一根长度 $L = 4000$mm 的锚索，锚索力学性能参数参考表 3.3。帮部布置锚索后围岩变形松动破碎分布见图 4.27。计算结果表明：围岩岩性为泥岩，巷道锚杆间排距减少为 $a \times b = 500$mm $\times$ 500mm，

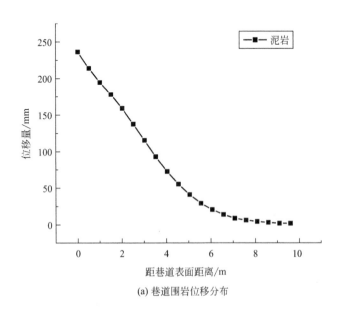

(a) 巷道围岩位移分布

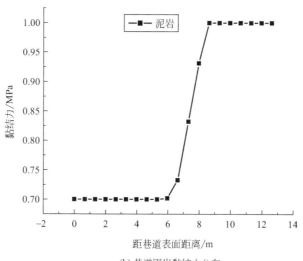

(b) 巷道围岩黏结力分布

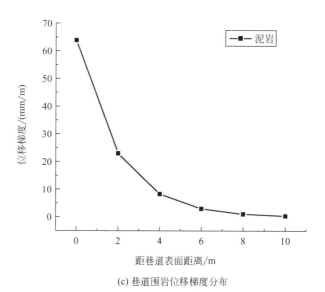

(c) 巷道围岩位移梯度分布

图 4.27　帮部布置锚索后围岩变形松动破碎分布（泥岩）

关键部位 aA、bB 和 cC 布置长度 $L=4000\text{mm}$ 锚索，围岩松动破碎范围变化较小；但巷道表面位移由 $u=317.6\text{mm}$ 减少至 $u=236.3\text{mm}$，破碎范围位移梯度（即碎胀程度）由 $v=(18.2\sim96.6)\text{mm/m}$ 范围减少至 $v=(0.4\sim63.8)\text{mm/m}$。对于深部泥岩巷道，采用该支护参数可以保持巷道围岩稳定。

（2）砂质泥岩

巷道围岩为砂质泥岩时，锚杆间排距由 $a\times b=800\text{mm}\times800\text{mm}$ 减少至 $a\times b=500\text{mm}\times500\text{mm}$，巷道表面位移 $u\leqslant100\text{mm}$，巷道围岩能保持稳定。也可选择锚杆间排距 $a\times b=800\text{mm}\times800\text{mm}$，通过在巷道围岩易于"失稳"的关键部位 aA 和 bB 方向各布置一根长度 $L=4000\text{m}$ 锚索来减少围岩变形碎胀程度，数值模拟结果见图 4.28。由图 4.28 可知，围岩岩性为砂质泥岩巷道关键部位 aA 和 bB 布置长度 $L=4000\text{m}$ 锚索，破碎范围几乎没有变化，但巷道表面位移由 $u=$

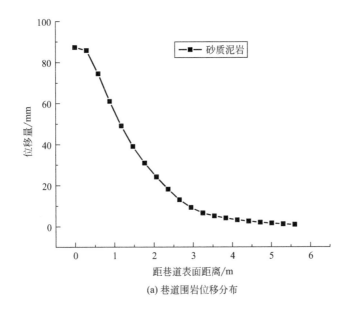

(a) 巷道围岩位移分布

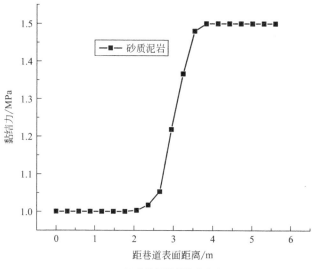

(b) 巷道围岩黏结力分布

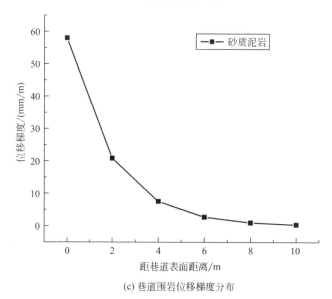

(c) 巷道围岩位移梯度分布

图 4.28　布置锚索后围岩变形松动破碎碎胀分布（砂质泥岩）

118.9mm 减少至 $u=87.3$mm，破碎范围位移梯度（即碎胀程度）由 $v=(74.2\sim91.4)$mm/m 减少至 $v=(0.3\sim57.9)$mm/m。对于深部泥岩巷道，采用该支护参数可以保持巷道围岩稳定。

图 4.26 与图 4.28 的计算结果表明：围岩为砂质泥岩，可通过减少锚杆间排距 $a\times b=500$mm×500mm 或在易于失稳的关键部位 aA 和 bB 方向各布置一根长度 $L=4000$mm 锚索保持巷道稳定，后者支护形式可使巷道表面位移量减少至 $u=87.3$mm，位移梯度值为 $v=57.9$mm/m，效果会更好。

4.4 不同围岩岩性直墙半圆拱巷道合理支护参数选择及稳定性判别

4.4.1 泥质砂岩直墙半圆拱巷道合理支护参数选择

根据以上分析结果，巷道围岩岩性为泥质砂岩时可以将锚杆长度由 $L=2600$mm 减短至 $L=2000$mm，其他支护参数不变，改变后巷道支护布置见图 4.29。

4.4.2 砂质泥岩直墙半圆拱巷道合理支护参数选择

根据以上结果分析，巷道围岩岩性为砂质泥岩时可以将锚杆间排距减小至 $a\times b=500$mm×500mm，或者在 aA 方向和 bB 方向附近各加一根 $L=4000$mm 的锚索进行二次支护，其他支护参数不变。采用加锚索的方案，支护效果更好。改变后巷道支护布置见图 4.30。

4.4.3 泥岩直墙半圆拱巷道合理支护参数选择

根据以上分析结果，巷道围岩岩性为泥岩时不仅需要减小锚杆间

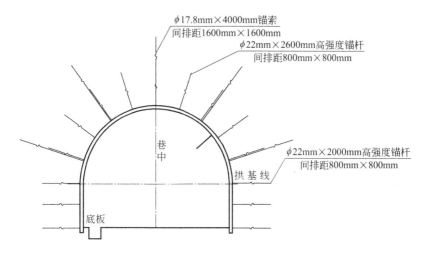

图 4.29　泥质砂岩巷道支护布置图

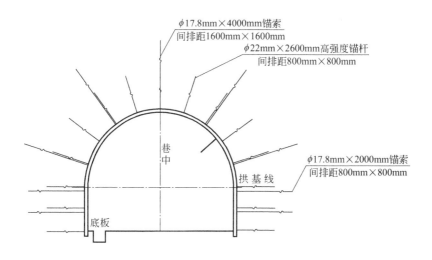

图 4.30　砂质泥岩巷道支护布置图

排距，还需要在巷道帮部不同部位二次支护布置锚索，锚杆间排距为 $a \times b = 500\text{mm} \times 500\text{mm}$，锚索间排距 $a \times b = 500\text{mm} \times 500\text{mm}$，锚索长度 $L = 4000\text{mm}$，其他支护参数不变，改变后巷道支护布置见图 4.31。

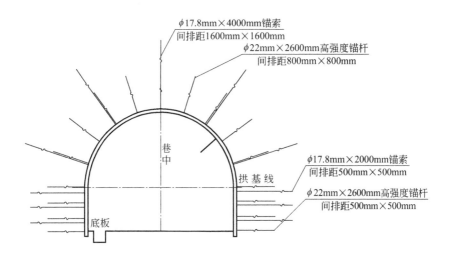

图 4.31　泥岩巷道支护布置图

4.5　巷道围岩稳定性判别

根据图 2.7，工程实测得出泥岩、砂质泥岩、泥质砂岩等不同岩性巷道关键部位表面位移随时间的变化，如图 4.32～图 4.34 所示。

实测结果表明：不同岩性巷道表面变形随时间的变化较好地满足式(2.33)，泥岩、砂质泥岩及泥质砂岩等不同岩性巷道表面变形速度

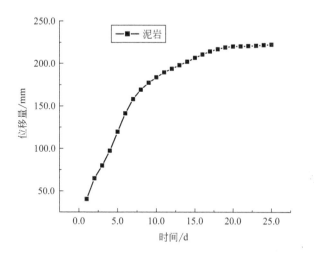

图 4.32 泥岩巷道表面位移随时间的变化

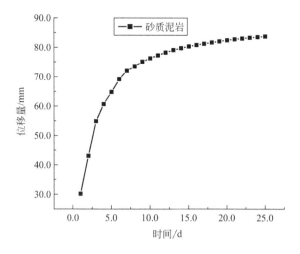

图 4.33 砂质泥岩巷道表面位移随时间的变化

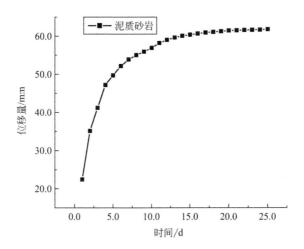

图 4.34 泥质砂岩巷道表面位移随时间的变化

衰减系数分别为 $B_2 = 0.072$、0.12、0.14，均满足 $B_2 > 0.04$ 的规定，巷道围岩变形保持稳定。

第 5 章

袁店二矿西翼回风大巷及运输大巷断层破碎带合理支护形式及参数选择

5.1 支护条件巷道围岩松动破碎变形特征

5.1.1 支护围岩附加应力分析

根据工程条件，西翼回风大巷直墙半圆拱巷道及西翼运输大巷圆形巷道预应力锚杆（索）布置及支护参数见图 3.4（a）、（b）；锚杆（索）力学性能参数见表 3.3；破碎带岩性见表 3.4 及表 3.5；预应力锚杆预紧力 $F=70.0\text{kN}$，预应力锚索预紧力 $F=100.0\text{kN}$，选择摩尔-库仑模型，不考虑原岩应力作用，分析围岩中附加应力场，锚杆（索）预紧力作用数值计算模型见图 5.1；围岩中附加应力分布见图 5.2。

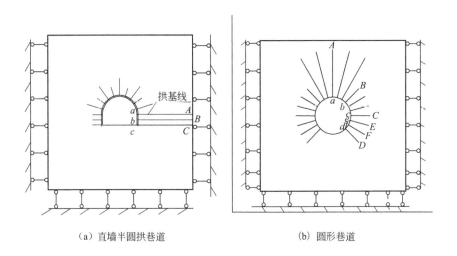

(a) 直墙半圆拱巷道　　　　　　　(b) 圆形巷道

图 5.1　预应力锚杆（索）预紧力
作用数值计算模型

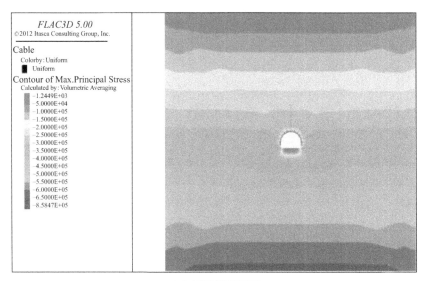

（a）直墙半圆拱巷道

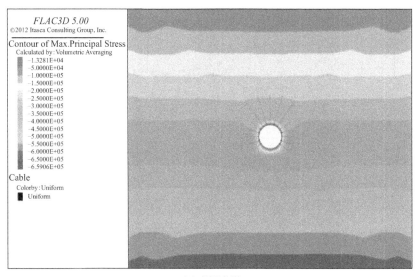

（b）圆形巷道

图 5.2　预应力锚杆（索）围岩附加应力分布

取如图 5.1 所示巷道围岩典型部位，分析直墙半圆拱巷道及圆形巷道典型部位附加应力及其分布，计算结果见图 5.3、图 5.4。

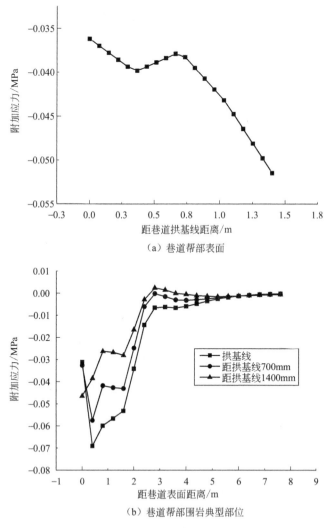

（a）巷道帮部表面

（b）巷道帮部围岩典型部位

图 5.3　直墙半圆拱巷道帮部不同部位围岩附加应力分布

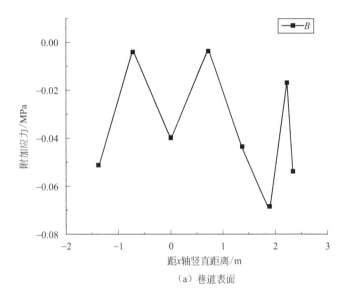

（a）巷道表面

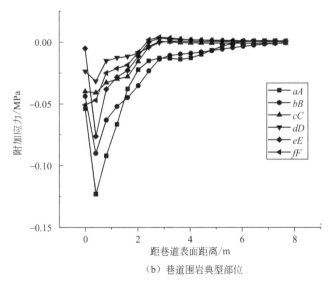

（b）巷道围岩典型部位

图 5.4　圆形巷道围岩不同部位附加应力分布

以上计算结果表明：原预应力锚杆（索）支护围岩附加应力场尽管能够叠加，但附加应力值较小（仅为 0.01MPa 数量级），不能形成有效承载叠加拱。圆形巷道原预应力锚杆（索）支护不能形成有效叠加。

5.1.2 支护围岩松动破碎变形

考虑原岩应力作用，采用如图 5.5 所示计算模型分析目前支护条件围岩松动破碎变形，计算结果表明收敛标准为 1×10^{-6} 时计算结果也不收敛，说明目前支护不能保证围岩变形稳定。

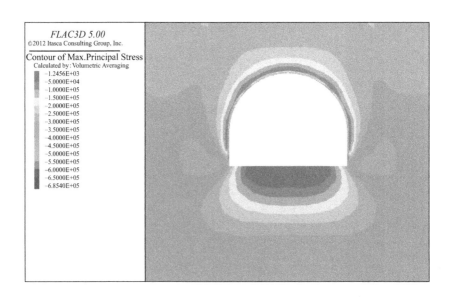

图 5.5　直墙半圆拱巷道围岩附加应力分
布云图（$a \times b = 400\text{mm} \times 400\text{mm}$）

为保证巷道断层破碎带地段围岩稳定性，预应力锚杆（索）必须在巷道围岩中形成一定厚度的有效压缩拱，为此首先必须确定合理的预应力锚杆参数（锚杆长度、锚杆间排距及预紧力等），使预应力锚杆压缩拱厚度及强度达到最佳，在此基础上增加预紧力锚索二次支护使预紧力锚杆压缩拱厚度及承载力进一步增强。

5.2　锚杆支护参数对围岩附加应力分布影响

5.2.1　锚杆间排距对围岩附加应力分布影响

为分析锚杆间排距对围岩附加应力场分布的影响，锚杆间排距 $a \times b$ 由 700mm × 700mm 改 变 为 400mm × 400mm、500mm × 500mm、600mm×600mm，分析不同锚杆间排距时围岩附加应力分布。

（1）直墙半圆拱巷道

计算得出，锚杆间排距 $a \times b = 400mm \times 400mm$，围岩附加应力分布见图 5.5，不同锚杆间排距时围岩附加应力分布如图 5.6～图 5.8所示。

计算结果表明：

① 距巷道表面一定范围围岩附加应力分布呈现"波动"变化，随后随距巷道表面距离增加，附加应力迅速降低；

② 不同锚杆间排距，附加应力分布呈现"波动"变化范围大致相同，大约都为 1600mm，但锚杆间排距对变化范围内附加应力大小有较为显著的影响，锚杆间排距由 600mm × 600mm 减少至 400mm × 400mm 时，附加应力由平均 0.075MPa 增加至 0.11MPa；

③ 巷道帮部表面附加应力分布都产生较为有效的叠加，但附加应力分布由 0.072～0.076MPa 增加至 0.09～0.105MPa。

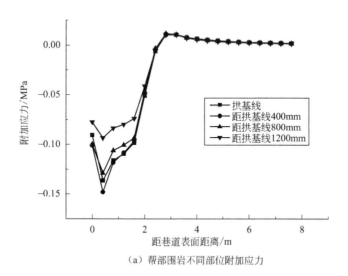

（a）帮部围岩不同部位附加应力

（b）帮部表面附加应力

图 5.6　直墙半圆拱巷道围岩附加应力

分布（$a \times b = 400\text{mm} \times 400\text{mm}$）

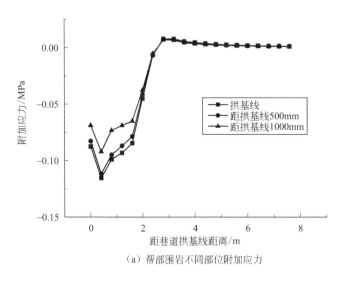

（a）帮部围岩不同部位附加应力

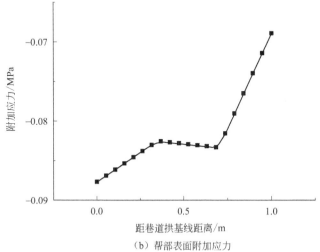

（b）帮部表面附加应力

图 5.7　直墙半圆拱巷道围岩附加应力

分布（$a \times b = 500\text{mm} \times 500\text{mm}$）

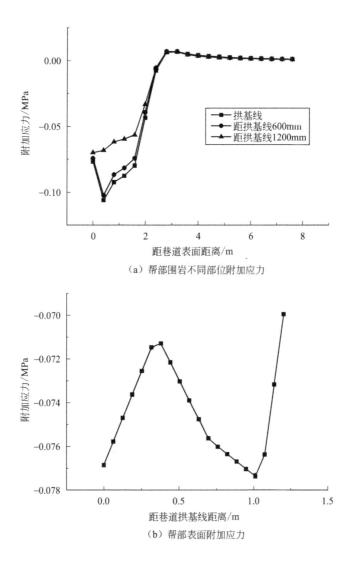

（a）帮部围岩不同部位附加应力

（b）帮部表面附加应力

图 5.8　直墙半圆拱巷道围岩附加应力

分布（$a \times b = 600mm \times 600mm$）

（2）圆形巷道

计算得出，锚杆间排距 $a \times b = 400\text{mm} \times 400\text{mm}$ 时围岩附加应力分布见图 5.9，不同锚杆间排距围岩附加应力分布见图 5.10～图 5.12。

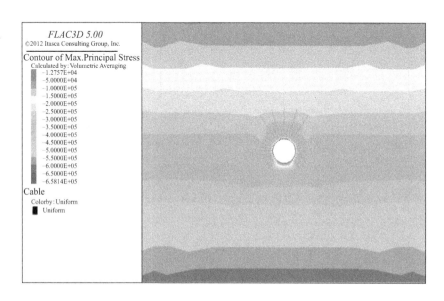

图 5.9　圆形巷道围岩附加应力分布云图（$a \times b = 400\text{mm} \times 400\text{mm}$）

计算结果表明：

① 距巷道表面一定范围围岩附加应力分布呈现"波动"变化，随后随距巷道表面距离增加，附加应力迅速降低；

② 不同锚杆间排距，附加应力分布呈现"波动"变化范围大致相同，大约都为 1600mm，但锚杆间排距对变化范围内附加应力大小有较为显著影响，锚杆间排距由 600mm × 600mm 减少至 400mm × 400mm 时，附加应力由平均 0.07MPa 增加至 0.09MPa；

③ 巷道帮部表面附加应力分布都产生较为有效的叠加，但附加应力分布由 0.05～0.055MPa 增加至 0.075～0.085MPa。

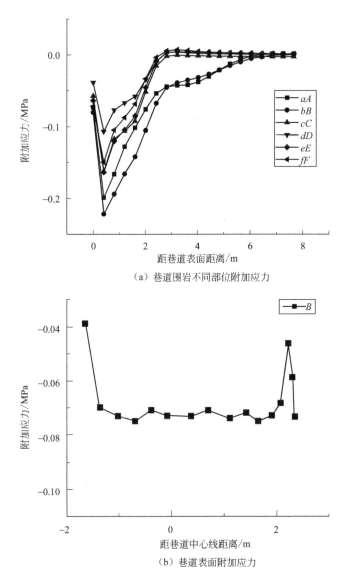

（a）巷道围岩不同部位附加应力

（b）巷道表面附加应力

图 5.10　圆形巷道围岩附加应力分布

（$a \times b = 400\text{mm} \times 400\text{mm}$）

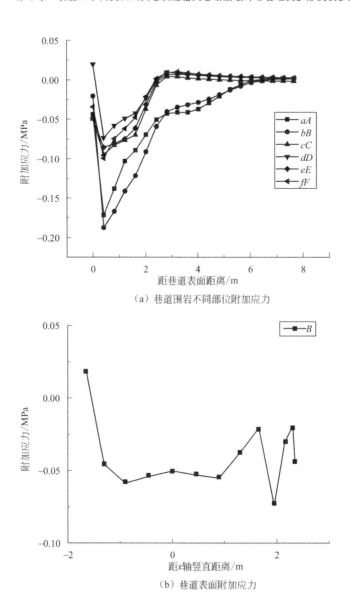

（a）巷道围岩不同部位附加应力

（b）巷道表面附加应力

图 5.11　圆形巷道围岩附加应力分布

（$a \times b = 500$mm$\times 500$mm）

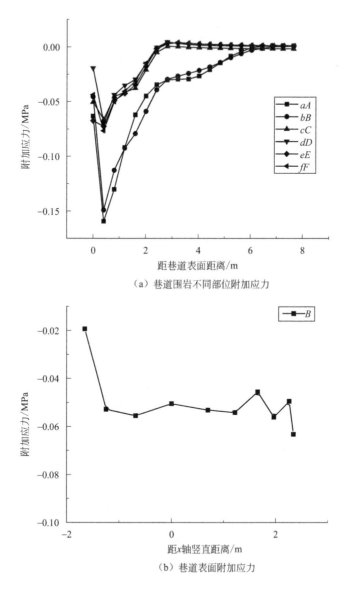

（a）巷道围岩不同部位附加应力

（b）巷道表面附加应力

图 5.12　圆形巷道围岩附加应力分布

（$a \times b = 600\text{mm} \times 600\text{mm}$）

5.2.2　锚杆长度对围岩附加应力分布影响

为分析锚杆长度对预应力锚杆压缩拱的影响，取锚杆间排距 $a \times b = 400\text{mm} \times 400\text{mm}$，锚杆预紧力 $F = 70.0\text{kN}$，改变锚杆长度分别为 $L = 1500\text{mm}$、2000mm、2400mm、2600mm，分析围岩中附加应力及其分布。

（1）直墙半圆拱巷道

当锚杆长度 $L = 2000\text{mm}$ 时，巷道围岩中附加应力分布云图见图 5.13。分析得出不同锚杆长度围岩附加应力分布见图 5.14～图 5.16。

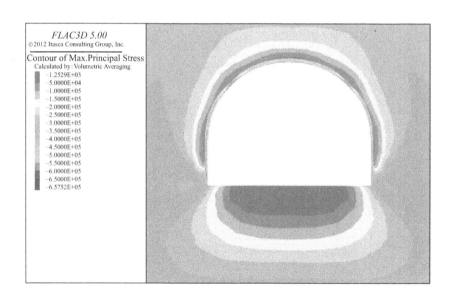

图 5.13　直墙半圆拱巷道围岩附加应力云图（锚杆长度 $L = 2000\text{mm}$）

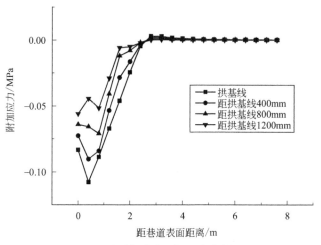

（a）帮部巷道围岩不同部位附加应力

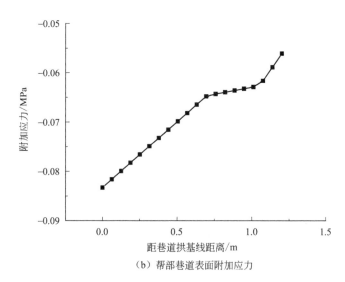

（b）帮部巷道表面附加应力

图 5.14 直墙半圆拱巷道围岩附加应力分布

（锚杆长度 $L = 1500\text{mm}$）

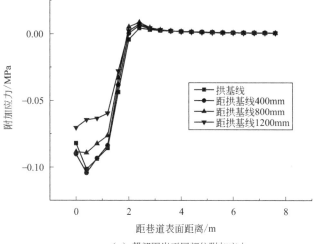

（a）帮部围岩不同部位附加应力

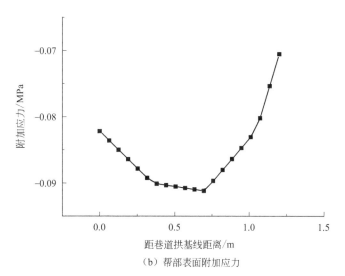

（b）帮部表面附加应力

图 5.15　直墙半圆拱巷道围岩附加应力分布

（锚杆长度 $L = 2000$mm）

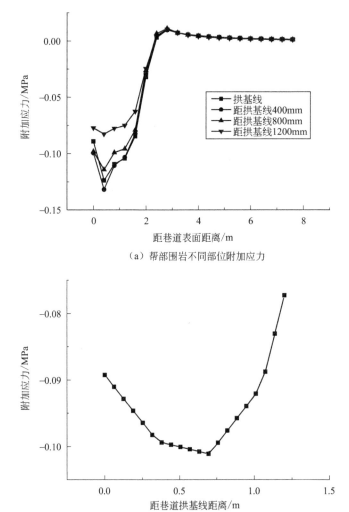

（a）帮部围岩不同部位附加应力

（b）帮部表面附加应力

图 5.16　直墙半圆拱巷道围岩附加应力分布

（锚杆长度 $L=2400mm$）

计算结果表明：

① 锚杆长度对围岩附加应力"波动"范围产生较为显著影响，不同锚杆长度围岩附加应力"波动"范围大约为 850mm、1200mm、1500mm、1600mm；

② 巷道两帮拱基线及帮部中上部附加应力较大，不同锚杆长度，附加应力"波动"范围平均附加应力约为 0.088MPa、0.090MPa、0.095MPa、0.100MPa，影响不显著。

（2）圆形巷道

当锚杆长度 $L=2000$mm 时，巷道围岩附加应力分布云图见图 5.17。分析得出不同锚杆长度围岩附加应力分布见图 5.18～图 5.20。

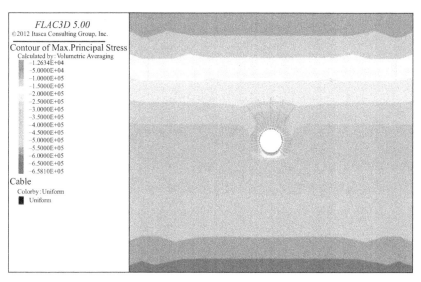

图 5.17　圆形巷道围岩附加应力分布云图（锚杆长度 $L=2000$mm）

计算结果表明：

① 锚杆长度对围岩附加应力"波动"范围产生较为显著影响，不同锚杆长度围岩附加应力"波动"范围大约为 850mm、1200mm、1500mm、1600mm。

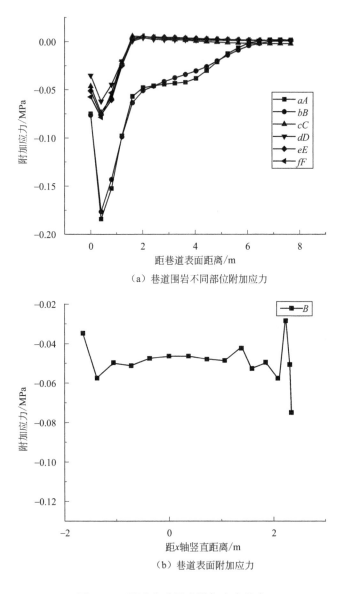

（a）巷道围岩不同部位附加应力

（b）巷道表面附加应力

图 5.18　圆形巷道围岩附加应力分布

（锚杆长度 $L = 1500\text{mm}$）

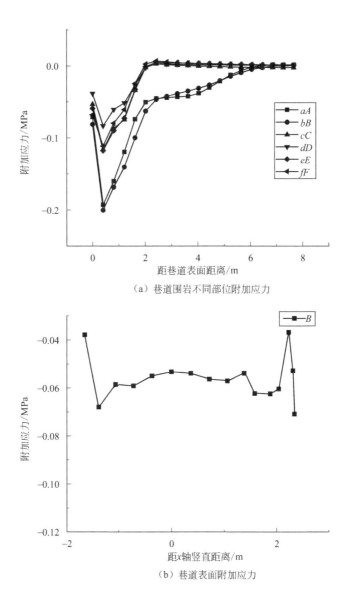

（a）巷道围岩不同部位附加应力

（b）巷道表面附加应力

图 5.19　圆形巷道围岩附加应力分布

（锚杆长度 $L=2000\text{mm}$）

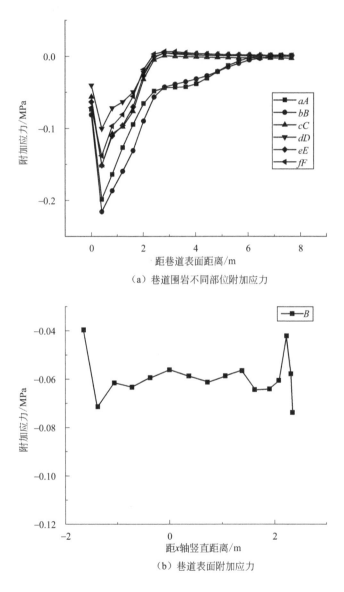

（a）巷道围岩不同部位附加应力

（b）巷道表面附加应力

图 5.20　圆形巷道围岩附加应力分布

（锚杆长度 $L = 2400\text{mm}$）

② 不同锚杆长度，巷道帮部附加应力"波动"范围平均附加应力约为 0.080MPa、0.085MPa、0.091MPa、0.095MPa，产生影响不显著。

5.2.3　锚杆预紧力对围岩附加应力分布影响

取锚杆间排距 $a \times b = 400\text{mm} \times 400\text{mm}$，锚杆长度 $L = 2600\text{mm}$，分析锚杆预紧力 $F = 50\text{kN}$、70kN、90kN 围岩附加应力分布。

（1）直墙半圆拱巷道

锚杆预紧力 $F = 50\text{kN}$ 围岩中附加应力分布云图见图 5.21。分析得出不同锚杆预紧力围岩附加应力分布见图 5.22、图 5.23。

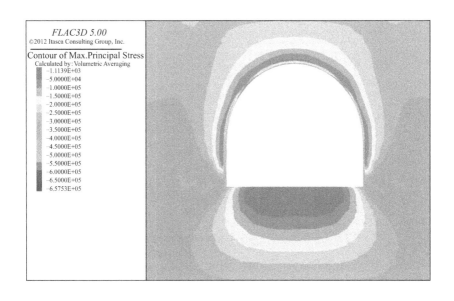

图 5.21　直墙半圆拱巷道围岩中附加应力分布云图

（预紧力 $F = 50\text{kN}$）

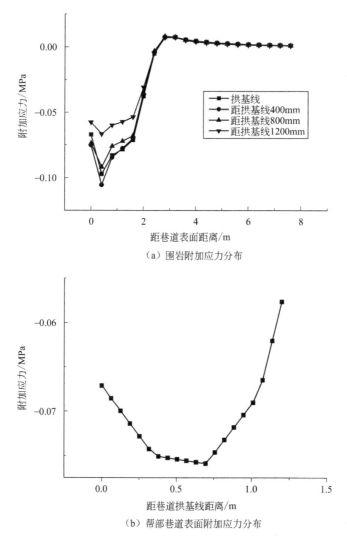

（a）围岩附加应力分布

（b）帮部巷道表面附加应力分布

图 5.22　直墙半圆拱巷道围岩附加应力分布

（预紧力 $F = 50\text{kN}$）

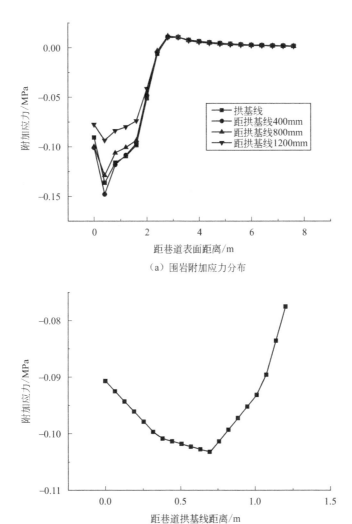

（a）围岩附加应力分布

（b）帮部巷道表面附加应力分布

图 5.23　直墙半圆拱巷道围岩附加应力分布

（预紧力 $F = 70\text{kN}$）

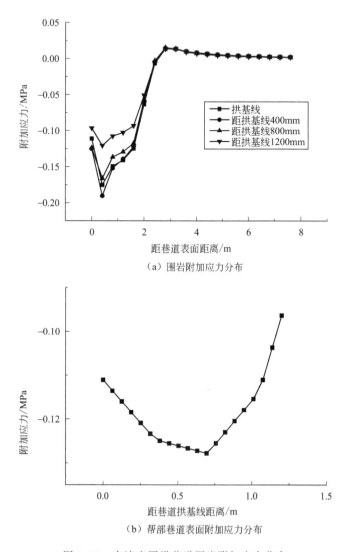

（a）围岩附加应力分布

（b）帮部巷道表面附加应力分布

图 5.24　直墙半圆拱巷道围岩附加应力分布

（预紧力 $F = 90\text{kN}$）

　　计算结果表明：锚杆预紧力对围岩附加应力"波动"范围影响较小，但对围岩附加应力大小影响显著，当锚杆预紧力 $F = 50kN$、70kN、90kN 时，作用范围内围岩平均附加应力分别约为 0.075MPa、0.100MPa、0.130MPa。

　　（2）圆形巷道

　　锚杆预紧力围岩中附加应力分布云图见图 5.25。分析得出不同锚杆预紧力围岩附加应力分布见图 5.26～图 5.28。

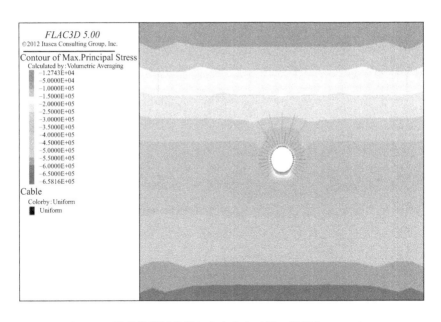

图 5.25　圆形巷道围岩附加应力分布云图（预紧力 $F = 50kN$）

　　计算结果表明：锚杆预紧力对围岩附加应力"波动"范围的影响较小，但对围岩附加应力大小的影响显著，当锚杆预紧力 $F = 50kN$、70kN、90kN 时，作用范围内围岩平均附加应力分别约为 0.067MPa、0.085MPa、0.11MPa。

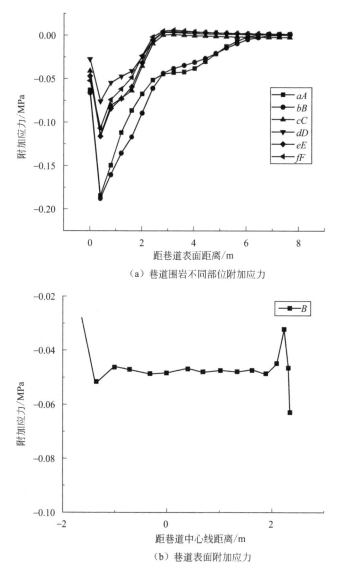

（a）巷道围岩不同部位附加应力

（b）巷道表面附加应力

图 5.26　圆形巷道围岩附加应力分布

（预紧力 $F = 50\text{kN}$）

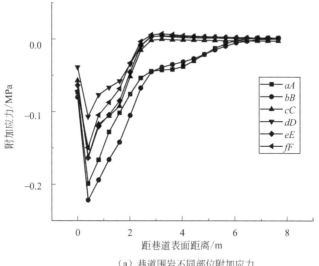

（a）巷道围岩不同部位附加应力

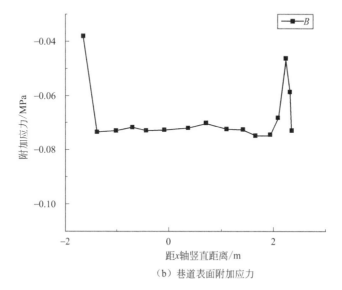

（b）巷道表面附加应力

图 5.27 圆形巷道围岩附加应力分布

（预紧力 $F = 70\mathrm{kN}$）

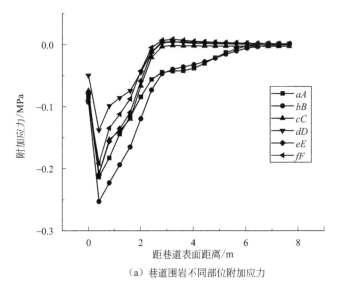

（a）巷道围岩不同部位附加应力

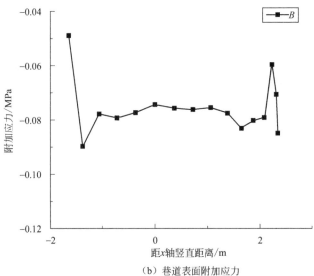

（b）巷道表面附加应力

图 5.28　圆形巷道围岩附加应力分布

（预紧力 $F = 90$kN）

5.3 预应力锚索支护参数对预应力锚杆压缩拱的影响

5.3.1 预应力锚索长度

预应力锚杆（索）布置见图 5.29，取锚杆间排距 $a \times b = 400\text{mm} \times 400\text{mm}$，锚杆长度 $L = 2600\text{mm}$，锚索预紧力 $F = 100\text{kN}$，锚杆及锚索其他力学参数见表 3.3。

（1）直墙半圆拱巷道

当锚索长度 $L = 6300\text{mm}$ 时，巷道围岩附加应力分布云图见图 5.30。改变锚索长度 $L = 1000\text{mm}$、4000mm、5000mm、6300mm，分析围岩附加应力分布，如图 5.31～图 5.34 所示。

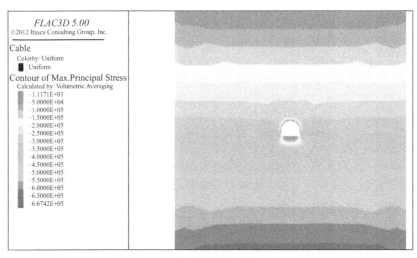

（a）直墙半圆拱巷道

图 5.29

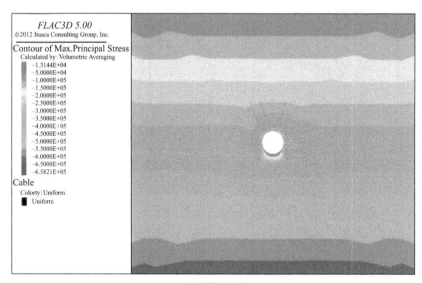

（b）圆形巷道

图 5.29　预应力锚杆（索）布置

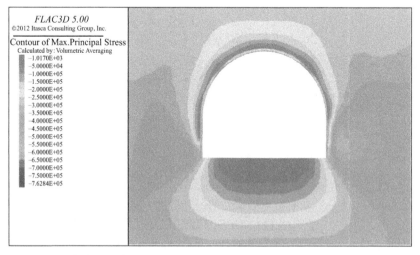

图 5.30　直墙半圆拱巷道围岩附加应力分布云图（锚索长度 $L=6300\text{mm}$）

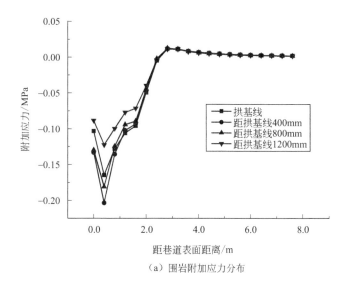

（a）围岩附加应力分布

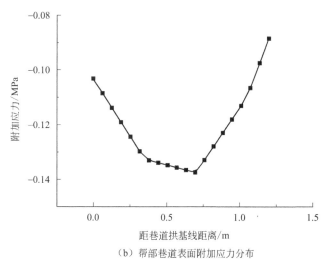

（b）帮部巷道表面附加应力分布

图 5.31　直墙半圆拱巷道围岩附加应力分布

（锚索长度 $L=1000$mm）

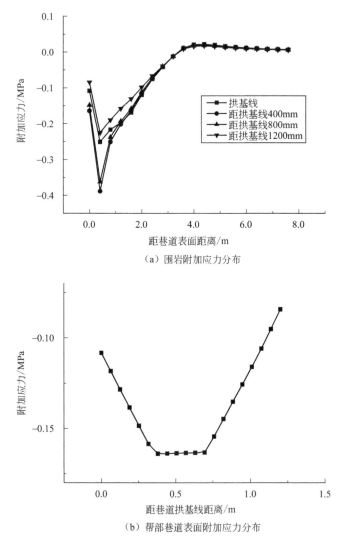

（a）围岩附加应力分布

（b）帮部巷道表面附加应力分布

图 5.32　直墙半圆拱巷道围岩附加应力分布

（锚索长度 $L = 4000mm$）

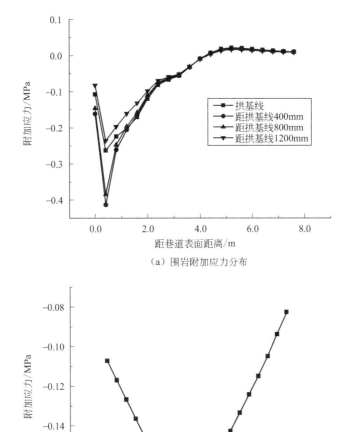

（a）围岩附加应力分布

（b）帮部巷道表面附加应力分布

图 5.33 直墙半圆拱巷道围岩附加应力分布

（锚索长度 $L = 5000$mm）

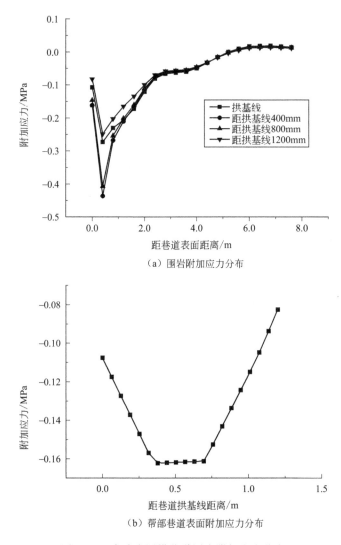

（a）围岩附加应力分布

（b）帮部巷道表面附加应力分布

图 5.34　直墙半圆拱巷道围岩附加应力分布

（锚索长度 $L = 6300\text{mm}$）

计算结果表明：

① 当锚索长度增加至 $L>4000\text{mm}$ 时，围岩中附加应力"波动"范围及附加大小变化较小；

② 锚索主要使布置附近范围附加应力增加较为显著，可由原来的 $0.08\sim0.15\text{MPa}$ 增加至 $0.15\sim0.40\text{MPa}$；

③ 当锚索长度为 $L=1000\text{mm}$ 时，附加应力由 0.100MPa 增加至 0.135MPa，当锚索长度为 $L=4000\text{mm}$、5000mm、6300mm 时布置部位附加应力平均值增加至 $0.19\sim0.22\text{MPa}$，锚索长度 L 不宜超过 4000mm。

（2）圆形巷道

当锚索长度 $L=6300\text{mm}$ 时，围岩附加应力分布云图见图 5.35。改变锚索长度 $L=1000\text{mm}$、4000mm、5000mm、6300mm，分析围岩附加应力分布，如图 5.36～图 5.39 所示。

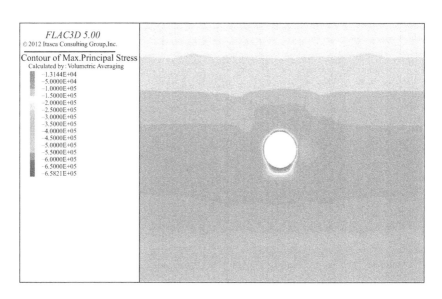

图 5.35　圆形巷道围岩附加应力分布云图（锚索长度 $L=6300\text{mm}$）

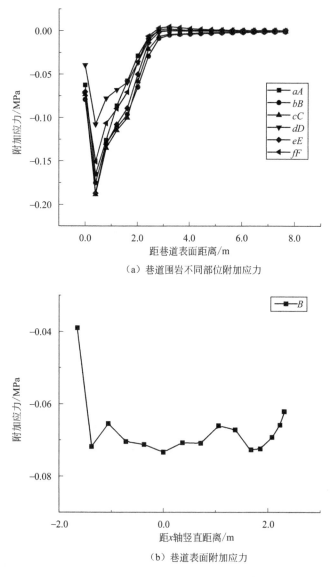

（a）巷道围岩不同部位附加应力

（b）巷道表面附加应力

图 5.36　圆形巷道围岩附加应力分布

（锚索长度 $L = 1000\text{mm}$）

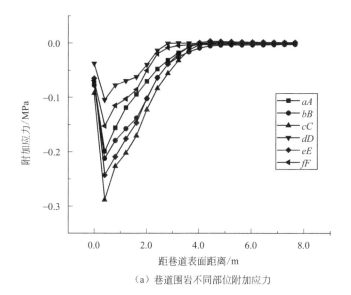

（a）巷道围岩不同部位附加应力

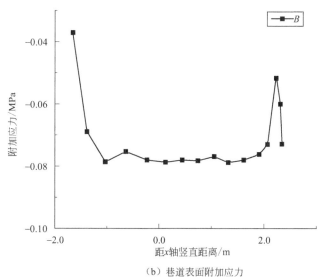

（b）巷道表面附加应力

图 5.37 圆形巷道围岩附加应力分布

（锚索长度 $L = 4000\text{mm}$）

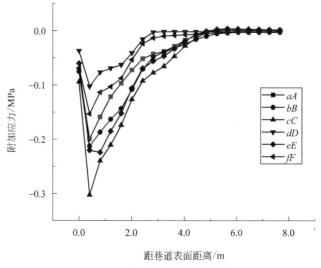

（a）巷道围岩不同部位附加应力

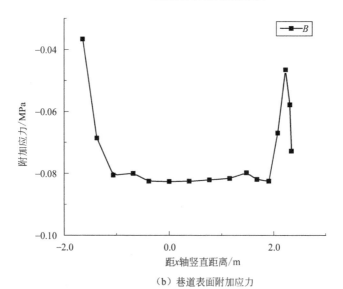

（b）巷道表面附加应力

图 5.38　圆形巷道围岩附加应力分布

（锚索长度 $L = 5000\text{mm}$）

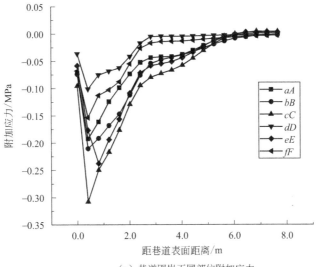

（a）巷道围岩不同部位附加应力

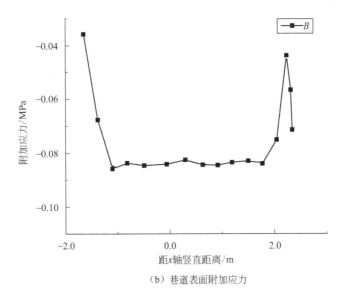

（b）巷道表面附加应力

图 5.39　圆形巷道围岩附加应力分布

（锚索长度 $L=6300\text{mm}$）

计算结果表明：

① 与直墙半圆拱巷道相同，圆形巷道布置预应力锚索，可使锚索附近围岩附加应力作用范围有所增加，作用范围内平均附加应力增加明显，但当锚索长度增加至 $L > 4000$mm 时，围岩中附加应力作用范围及大小变化较小；

② 锚索主要使布置附近范围附加应力增加较为显著；

③ 当锚索长度为 $L = 4000$mm、5000mm、6300mm 时，布置部位附加应力平均值增加至 0.20MPa，锚索长度 L 不宜超过 4000mm。

5.3.2 锚索预紧力

取锚索预紧力分别为 $F = 80$kN、100kN、120kN，分析围岩附加应力分布。

（1）直墙半圆拱巷道

锚索预紧力 $F = 80$kN 时巷道围岩附加应力分布云图见图 5.40。

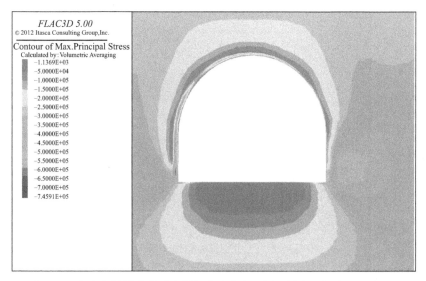

图 5.40　直墙半圆拱巷道围岩附加应力分布云图（锚索预紧力 $F = 80$kN）

不同锚索预紧力围岩附加应力分布见图 5.41～图 5.43。

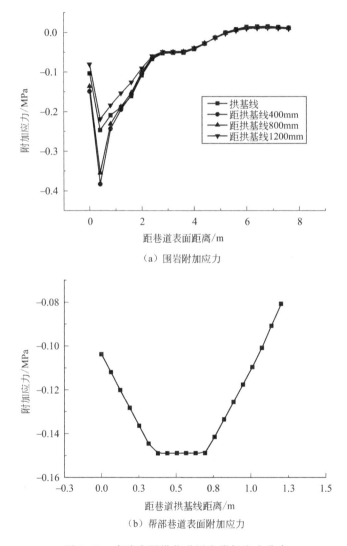

（a）围岩附加应力

（b）帮部巷道表面附加应力

图 5.41　直墙半圆拱巷道围岩附加应力分布

（锚索预紧力 $F = 80\text{kN}$）

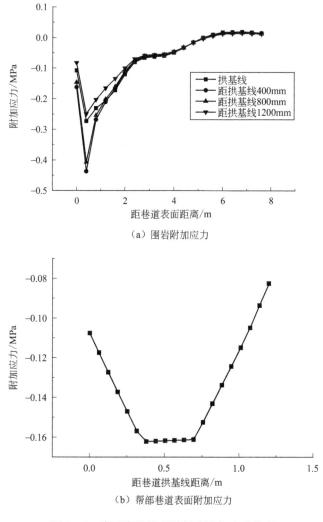

（a）围岩附加应力

（b）帮部巷道表面附加应力

图 5.42　直墙半圆拱巷道围岩附加应力分布

（锚索预紧力 $F = 100\text{kN}$）

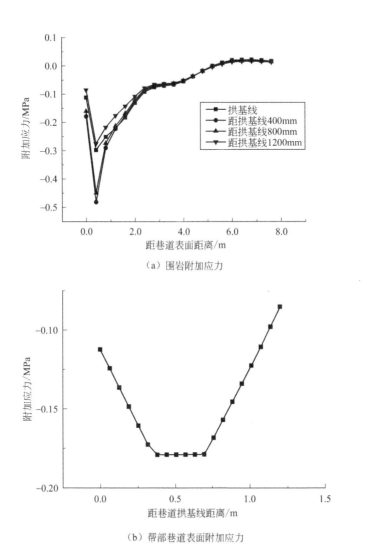

（a）围岩附加应力

（b）帮部巷道表面附加应力

图 5.43　直墙半圆拱巷道围岩附加应力分布

（锚索预紧力 $F=120$kN）

计算结果表明：锚索预紧力为 $F = 80\text{kN}$、$F = 100\text{kN}$ 以及 $F = 120\text{kN}$ 时，锚索布置部位附加应力作用范围内附加应力平均值分别为 0.19MPa、0.23MPa、0.25MPa。锚索预紧力增加可使作用范围内的附加应力增加。

（2）圆形巷道

锚索预紧力 $F = 80\text{kN}$ 时，巷道围岩附加应力分布云图见图 5.44。不同预紧力围岩附加应力分布见图 5.45~图 5.47。

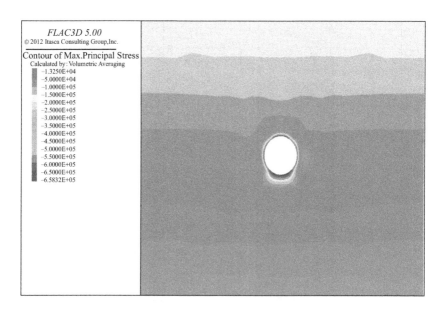

图 5.44　圆形巷道围岩附加应力分布云图

（锚索预紧力 $F = 80\text{kN}$）

计算结果表明：与直墙半圆拱巷道相同，锚索预紧力增加可使作用范围内附加应力增加。

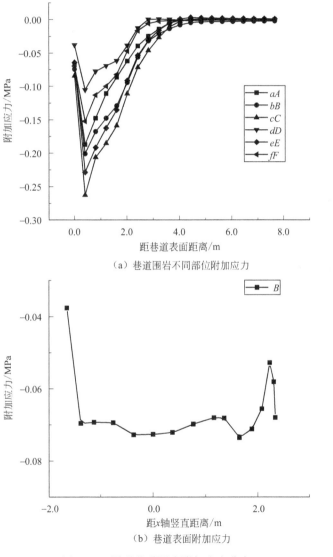

（a）巷道围岩不同部位附加应力

（b）巷道表面附加应力

图 5.45　圆形巷道围岩附加应力分布

（锚索预紧力 $F = 80\text{kN}$）

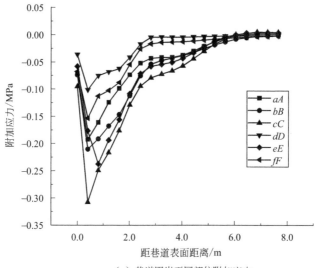

（a）巷道围岩不同部位附加应力

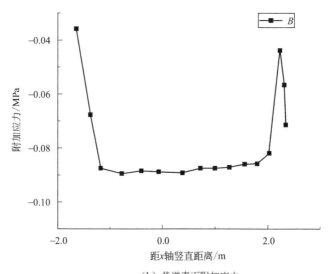

（b）巷道表面附加应力

图 5.46　圆形巷道围岩附加应力分布

（锚索预紧力 $F = 100\text{kN}$）

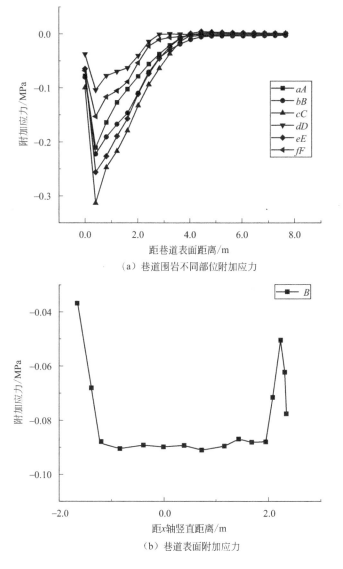

（a）巷道围岩不同部位附加应力

（b）巷道表面附加应力

图 5.47　圆形巷道围岩附加应力分布

（锚索预紧力 $F = 120\text{kN}$）

当锚索预紧力为 $F=80$kN、100kN、120kN 时，锚索布置部位附加应力作用范围内附加应力平均值分别为 0.18MPa、0.20MPa、0.22MPa。

5.4 预应力锚杆压缩拱形成及承载

（1）预应力锚杆压缩拱形成及影响因素分析

锚杆长度增加显著影响压缩拱厚度。当锚杆长度增加至 $L=2600$mm 时，压缩拱厚度 $d=1600$mm，锚杆间排距减少至 $a\times b=400$mm$\times400$mm，锚杆预紧力增至 $F=70$kN，可以有效形成叠加拱，叠加拱内附加应力可达 $\Delta\sigma=(0.10\sim0.12)$MPa，对围岩易于"失稳"关键部位辅助长度 $L=4000$mm、预应力 $F=100$kN 的预应力锚索可使预应力锚杆压缩拱附加应力增加至 $\Delta\sigma=(0.20\sim0.25)$MPa，显著增加压缩拱内围岩附加应力并形成有效叠加。

（2）承载能力估算及压缩拱内围岩黏结力及内摩擦角

由于附加压应力 $\Delta\sigma$ 有效叠加，相当于压缩拱内围岩施加第三主应力，压缩拱内强度增加可示为：

$$\sigma=\frac{1+\sin\varphi}{1-\sin\varphi}\Delta\sigma+\frac{2c\cos\varphi}{1-\sin\varphi} \tag{5.1}$$

针对松散破碎泥岩，附加应力增加 $\Delta\sigma=(0.15\sim0.20)$MPa，依据式(5.1)，压缩拱内强度 $\sigma=2.40$MPa，相当于比原有强度增加了 25.0%。附加应力增加主要使围岩黏结力 c 增加，对围岩内摩擦角 φ 影响较小，取压缩拱内摩擦角增加 $\Delta\varphi=2°$，依据式(5.1)，黏结力增加 $\Delta c=0.20$MPa。可取压缩拱内围岩黏结力 $c=0.9$MPa、内摩擦角 $\varphi=20°$。

5.5 断层破碎带合理支护形式及参数选择

5.5.1 数值计算模型

　　袁店二矿断层破碎带的数值计算模型如图 5.48 所示，将巷道周围附近厚度 $d=1600\text{mm}$ 围岩定义为预应力锚杆压缩拱作用范围，压缩拱范围围岩黏结力 $c=0.9\text{MPa}$、内摩擦角 $\varphi=20°$；压缩拱范围外围岩仍为破碎泥岩，参数见表 3.3，围岩黏结力 $c=0.7\text{MPa}$、内摩擦角 $\varphi=18°$，见表 3.5，本构关系选择应变软化模型。压缩拱内外围岩通过接触面连接。预应力锚杆长度 $L=2600\text{mm}$，锚杆间排距 $a\times b=400\text{mm}\times400\text{mm}$，锚杆预紧力 $F=70\text{kN}$，锚索长度 $L=4000\text{mm}$，锚索预紧力 $F=100\text{kN}$。

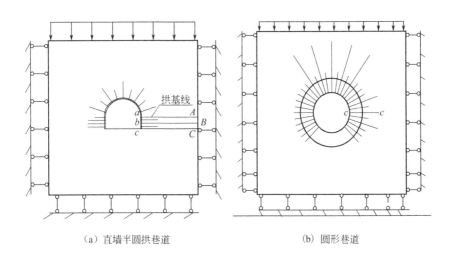

（a）直墙半圆拱巷道　　　　　　　　　（b）圆形巷道

图 5.48　数值计算模型

5.5.2　数值计算结果

（1）直墙半圆拱巷道

数值模拟得出的巷道围岩位移分布云图及黏结力分布云图见图 5.49 和图 5.50。依此分析得出围岩位移分布及黏结力分布见图 5.51 和图 5.52。根据图 5.51 所示巷道围岩位移分布可得巷道围岩位移梯度（即碎胀程度）分布如图 5.53 所示。

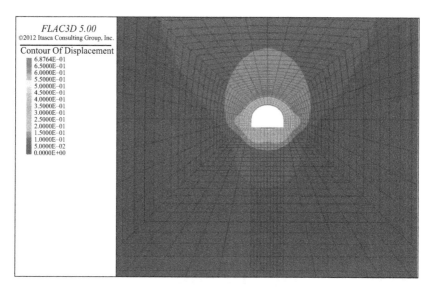

图 5.49　直墙半圆拱巷道围岩位移分布云图

数值模拟结果表明：巷道表面位移 $u=200\text{mm}$，巷道围岩破碎范围内最大位移梯度为 $v=38.0\text{mm/m}$。

（2）圆形巷道

数值模拟得出的巷道围岩位移分布云图及黏结力分布云图见

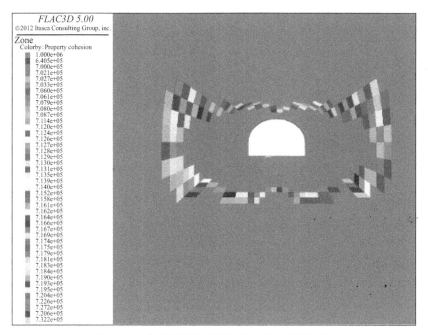

图 5.50　直墙半圆拱巷道围岩黏结力分布云图

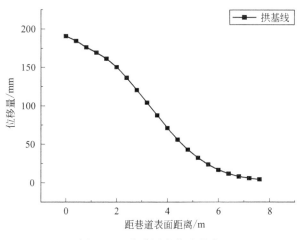

图 5.51　巷道围岩位移分布

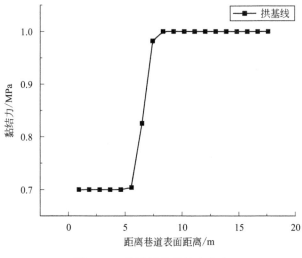

图 5.52　巷道围岩黏结力分布

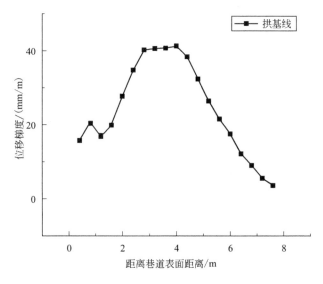

图 5.53　巷道围岩位移梯度分布

图 5.54和图 5.55。依此分析得出围岩位移分布及黏结力分布见图 5.56和图 5.57。根据图 5.56 所示巷道围岩位移分布，可得巷道围岩位移梯度（即碎胀程度）分布，见图 5.58。

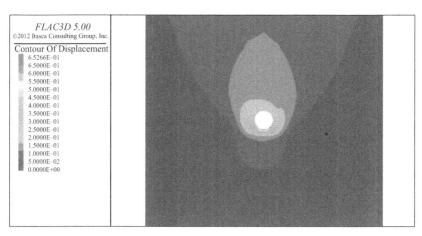

图 5.54　圆形巷道围岩位移分布云图

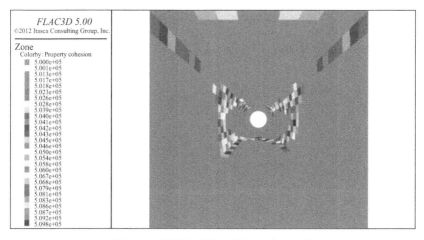

图 5.55　圆形巷道围岩黏结力分布云图

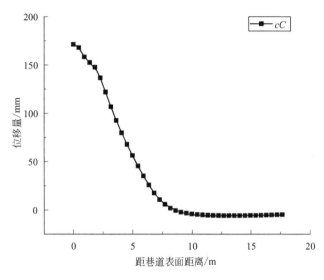

图 5.56　圆形巷道围岩位移分布

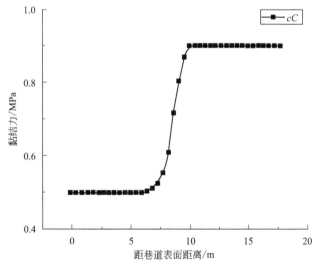

图 5.57　圆形巷道围岩黏结力分布

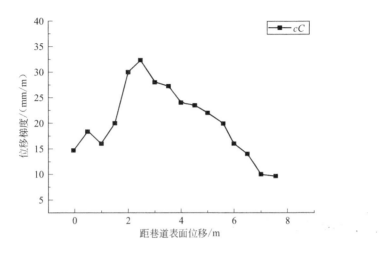

图 5.58　圆形巷道围岩位移梯度分布

数值模拟结果表明：巷道表面位移 $u=180\text{mm}$，巷道围岩破碎范围内最大位移梯度为 $v=32\text{mm/m}$。

（3）预应力锚杆（索）支护布置　直墙半圆拱巷道支护布置见图 5.59，圆形巷道预应力锚杆（索）布置见图 5.60。

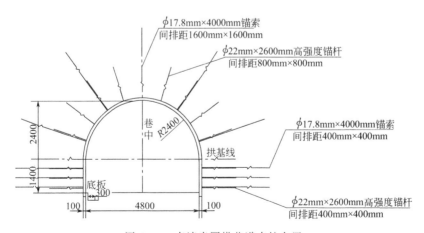

图 5.59　直墙半圆拱巷道支护布置

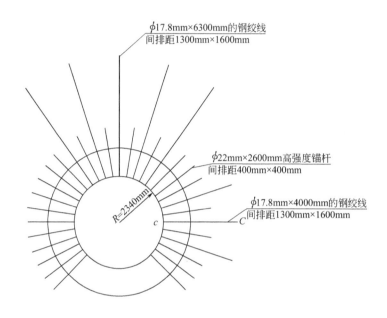

图 5.60　圆形巷道预应力锚杆（索）布置

　　合理选择预应力锚杆（索）支护参数，形成有效压缩拱再辅助 U 型棚等金属支架组合支护可以保持断层破碎带围岩稳定，对于局部围岩破碎严重部位，再辅助注浆可以保证巷道安全掘进和正常使用。

5.6　预应力锚杆（索）支护围岩稳定性早期判别

　　如图 2.7 所示，破碎带围岩关键部位钻孔，多点位移计观测巷道表面位移及其随时间变化、预应力锚杆锚固区以及预应力锚索锚固区围岩变形及其随时间演化，实测结果如图 5.61～图 5.63 所示。

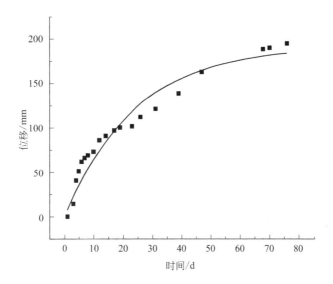

图 5.61　巷道表面位移随时间变化

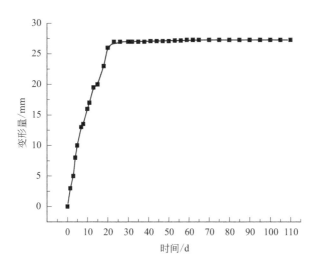

图 5.62　预应力锚杆锚固区变形随时间变化

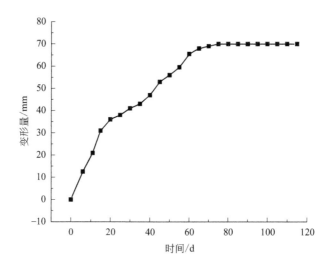

图 5.63 预应力锚索锚固区变形随时间变化

（1）巷道表面变形随时间变化

巷道表面二次蠕变随时间变化可示为：

$$u = 193.0(1 - e^{-0.055t}) \tag{5.2}$$

反映二次蠕变速度衰减系数 $B_2 = 0.055$，$B_2 > 0.04$，围岩变形稳定。

（2）预应力锚杆锚固区

围岩变形随时间演化回归方程为：

$$\Delta = 28.02(1 - e^{-0.0915t}) \tag{5.3}$$

预应力锚杆锚固区围岩变形随时间演化仅呈现减速阶段后趋于稳定。

（3）锚索锚固区

围岩变形随时间演化回归方程为：

$$\Delta = 59.38(1 - e^{-0.0438t}) \quad t \leqslant 25 \tag{5.4}$$

$$\Delta = 38 + 1.6(t - 25) \quad t > 25 \tag{5.5}$$

围岩等速阶段变形速度系数 $\lambda_1 = 1.6\text{mm/d}$，$1.2\lambda_{1合理} \geqslant \lambda_1 \geqslant 0.8\lambda_{1合理}$，说明锚索锚固区变形趋于稳定。

预应力锚杆（索）压缩拱合理承载，围岩变形趋于稳定。

第6章

结论

本项目主要以淮北矿区袁店二矿西翼回风大巷、西翼运输大巷为对象，同时结合袁店二矿西翼运输暗斜井、西翼五采区水仓及西翼五采区变电所等巷道工程实际，开展相关研究及成果推广应用，得出下述结论。

6.1 直墙半圆拱巷道不同岩性围岩松动破碎变形及合理支护研究方面

6.1.1 直墙半圆拱巷道不同岩性围岩松动破碎变形

围岩岩性为泥岩、砂质泥岩及泥质砂岩时直墙半圆拱巷道顶部松动破碎范围较小，随巷道埋深增加，巷道顶部破碎范围增加也相对缓慢。随巷道埋深增加，围岩岩性为泥岩、砂质泥岩及泥质砂岩时，直墙半圆拱巷道帮部不同部位围岩松动破碎范围都产生较为显著的增加，其中泥岩岩性增长速度最大。围岩岩性为砂质泥岩、泥质砂岩时，直墙半圆拱巷道拱基线部位附近松动破碎较其他部位明显，巷道拱基线部位为易于"失稳"的关键部位。围岩岩性为泥岩时帮部中上部围岩 2.0m 范围内产生了较为显著的碎胀。

6.1.2 不同岩性直墙半圆拱巷道合理支护研究

以袁店二矿西翼回风大巷为例，对于不同岩性深部巷道，锚杆长度对围岩松动破碎范围影响较小，但对围岩松动破碎程度及围岩变形产生影响。锚杆长度由 $L=1500mm$ 增加至 $L=2600mm$ 时，泥岩巷道表面位移由 $u=396.0mm$ 减少至 $u=310.0mm$，巷道表面位移减少约 22%；巷道表面位移梯度由 $v=148.1mm/m$ 减少至 $v=$

109.1mm/m。砂质泥岩巷道表面位移量由 $u=119.0$mm 减少至 $u=$ 101.0mm，减少率为 15.1%；巷道表面位移梯度由 $v=91.4$mm/m 减少至 $v=74.2$mm/m。泥质砂岩巷道表面位移量由 $u=68.0$mm 减少至 $u=60.0$mm，减少率为 11.7%；巷道表面位移梯度由 $v=$ 71.7mm/m 减少至 $v=63.3$mm/m。围岩岩性为泥岩和砂质泥岩，锚杆长度增加对巷道围岩表面位移影响较为显著，即使锚杆长度增加至 $L=2600$mm，巷道表面位移仍为 $u>100$mm，锚杆长度宜取为 $L=2600$mm；围岩岩性为泥质砂岩，锚杆长度增加对巷道表面位移减少约为 10%，影响较小，且巷道表面位移 $u<70$mm，宜取锚杆长度 $L=2000$mm。

巷道围岩为泥质砂岩，锚杆间排距为 $a\times b=800$mm$\times 800$mm，同时锚杆长度可减少至 $L=2000$mm，围岩表面位移 $u<100$mm，围岩变形稳定。

巷道围岩为砂质泥岩，当锚杆间排距由 $a\times b=800$mm$\times 800$mm 减少至 $a\times b=500$mm$\times 500$mm 时，巷道围岩能保持稳定。也可选择锚杆间排距 $a\times b=800$mm$\times 800$mm，通过在巷道围岩易于"失稳"关键部位拱基线附近布置两根长度 $L=4000$mm 锚索来保持围岩变形稳定，锚索关键部位二次支护可使巷道表面位移量减少至 $u=$ 87.3mm，位移梯度值为 $v=57.9$mm/m，效果会更好。

巷道围岩岩性为泥岩，可减少锚杆间排距至 $a\times b=500$mm$\times$ 500mm，同时在巷道帮部中上部布置三根长度 $L=4000$mm 的锚索，可使巷道表面位移由 $u=317.6$mm 减少至 $u=236.3$mm、破碎范围位移梯度（即碎胀程度）由 $v=(18.2\sim 96.6)$mm/m 减少至 $v=$ $(0.4\sim 63.8)$mm/m。对于深部泥岩巷道，如果预应力锚杆（索）施加预紧力，在围岩中形成预应力压缩拱提高围岩强度，采用该支护参数可以保持巷道围岩稳定。

6.2 直墙半圆拱巷道及圆形巷道断层破碎带预应力锚杆（索）合理支护研究方面

① 必须选择合理预应力锚杆（索）支护参数，在围岩中形成具有一定承载力预应力的锚杆压缩拱，在此基础上增加预紧力锚索二次支护，使预紧力锚杆压缩拱厚度及承载力进一步增强。同时辅助其他支护保持围岩稳定。

② 在预应力锚杆作用下，距巷道表面一定范围围岩附加应力分布呈现"波动"变化，随后随距巷道表面距离增加，附加应力迅速降低，可用围岩附加应力分布呈现"波动"变化范围作为预应力锚杆压缩拱厚度。

③ 以袁店二矿西翼回风大巷直墙半圆拱巷道及西翼运输大巷圆形巷道为例。锚杆长度对围岩附加应力"波动"范围（即压缩拱厚度）产生较为显著影响，但对压缩拱厚度范围内附加应力大小影响不显著；在锚杆长度 $L=1500\sim2600\text{mm}$ 范围内，围岩压缩拱厚度为 $d=850\sim1600\text{mm}$，随锚杆长度增加，压缩拱厚度近于成比例增加。锚杆间排距对围岩压缩拱厚度影响不明显，但对压缩拱内附加应力大小及叠加有较为显著影响；锚杆间排距由 $a\times b=600\text{mm}\times600\text{mm}$ 减少至 $a\times b=400\text{mm}\times400\text{mm}$ 时，帮部围岩附加应力进一步有效叠加，附加应力大小增加约1.5倍。锚杆预紧力对围岩附加应力"波动"范围影响较小，但对围岩附加应力大小影响显著，锚杆预紧力 $F=50\sim90\text{kN}$，随锚杆预紧力增加，预应力锚杆压缩拱范围内围岩附加应力近于成比例增加。锚索长度增加至 $L>4000\text{mm}$ 后，对围岩预应力锚杆压缩拱厚度及附加应力大小影响较小；在巷道易于"失稳"关键部位布置锚索，可使该部位附近围岩附加应力增加约1.0倍，从而显著增加预应力锚杆压缩拱

强度。针对松散破碎泥岩，选择预应力锚杆（索）支护参数为：锚杆长度 $L=2600\text{mm}$，锚杆间排距 $a \times b=400\text{mm} \times 400\text{mm}$，锚杆预紧力 $F=70\text{kN}$；关键部位布置预应力锚索，锚索长度 $L=4000\text{mm}$，锚索预紧力 $F=100\text{kN}$，可以形成厚度 $d=1600\text{mm}$ 的预应力锚杆压缩拱并有效承载，压缩拱围岩黏结力可由 $c=0.7\text{MPa}$ 增加至 $c=0.9\text{MPa}$，内摩擦角由 $\varphi=18°$ 增加至 $\varphi=20°$。

④ 合理选择预应力锚杆（索）支护参数，形成有效压缩拱再辅助 U 型棚等金属支架组合支护可以保持断层破碎带围岩稳定，对局部围岩破碎严重部位，再辅助注浆可以保证巷道安全掘进和正常使用。

6.3　直墙半圆拱巷道及圆形巷道围岩稳定性及支护合理性研究方面

① 以袁店二矿西翼回风大巷直墙半圆拱巷道为例，通过多点位移计工程实测，泥岩、砂质泥岩及泥质砂岩等不同岩性巷道表面变形速度衰减系数分别为 $B_2=0.072$、0.12、0.14，均满足 $B_2>0.04$ 的规定，巷道围岩变形保持稳定。

② 以袁店二矿西翼运输大巷圆形巷道为例，通过多点位移计工程实测，反映断层破碎带围岩二次蠕变速度衰减系数 $B_2=0.055$，预应力锚杆锚固区仅呈现减速阶段的一次蠕变，预应力锚索锚固区围岩等速阶段变形速度系数 $\lambda_1=1.6\text{mm/d}$，预应力锚杆（索）压缩拱合理承载，围岩变形趋于稳定。

参考文献

[1] 石伟，邹德蕴．深井软岩巷道围岩二次支护新技术［J］．矿山压力与顶板管理，2003，20（1）：28-29．

[2] 孔德森．深部巷道围岩稳定性预测与锚杆支护优化［J］．矿山压力与顶板管理，2002，19（02）：29-31，33．

[3] 马世志，张茂林，靖洪文．巷道围岩稳定性分类方法评述［J］．建井技术，2004，25（5）：24-27，43．

[4] 柏建彪，侯朝炯．深部巷道围岩控制原理与应用研究［J］．中国矿业大学学报，2006，35（2）：145-148．

[5] 何满朝，张国锋，齐干，等．夹河矿深部煤巷围岩稳定性控制技术研究［J］．采矿与安全工程学报，2007，24（1）：27-31．

[6] 靖洪文，李元海．深埋巷道破裂围岩位移分析［J］．中国矿业大学学报，2006，35（5）：565-570．

[7] 樊克恭，蒋金泉．弱结构巷道围岩变形破坏与非均称控制机理［J］．中国矿业大学学报，2007，36（1）：54-59．

[8] 姚国圣．软岩巷道围岩扩容-塑性软化变形及有限元分析［D］．西安：西安科技大学，2006．

[9] 朱维申，何满潮．复杂条件下围岩稳定性与岩体动态施工力学［M］．北京：科学出版社，1995．

[10] 陈玉萍，张生华．软岩巷道二次支护最佳时间的研究［J］．矿山压力与顶板管理，2003，20（02）：56-58．

[11] 张宏伟．锚杆支护检测方法研究［J］．煤炭科学技术，1999，23（5）：55-59．

[12] 石伟，邹德蕴．深井软岩巷道围岩二次支护新技术［J］．矿山压力与顶板管理，2003，20（1）：28-29．

[13] 何满朝，李春华．锚索关键部位二次支护技术研究及其应用［J］．建井技术，2002，23（01）：21-24．

［14］ 常玉林，程乐团．井下深部大巷锚索和注浆联合支护［J］．矿山压力与顶板管理，2003，20（02）：27-28，31.

［15］ 卢爱红．软岩巷道的时间效益模拟［J］．矿山压力与顶板管理，2004，21（03）：1-3，7.

［16］ 茅晓辉，魏乃栋，付厚利．FLAC(3D)在模拟巷道围岩变形规律中的应用［J］．煤炭工程，2009（11）：65-67.

［17］ 吴德义．新集矿区一、二、三矿软岩巷道合理支护形式及参数研究［D］．合肥：中国科学技术大学，2008.

［18］ 勾攀峰，韦四江，张盛．不同水平应力对巷道稳定性的模拟研究［J］．采矿与安全工程学报，2010，27（2）：5-10.

［19］ 王成，张农，韩昌良，等．U型棚锁腿支护与围岩关系数值分析及应用［J］．采矿与安全工程学报，2011，28（2）：47-51.

［20］ 于永光．软岩巷道支护中U型棚及锚杆的改进实践［J］．山东煤炭科技，2010（2）：13-15.

［21］ 宋宏伟，贾颖绚，段艳燕．开挖中的围岩破裂性质与支护对象研究［J］．中国矿业大学学报，2006，359（2）：192-196.

［22］ 杨峰．高应力软岩巷道变形破坏特征及让压支护机理研究［D］．徐州：中国矿业大学，2009.

［23］ Wu D Y. Loose and Broken Distribution of Soft Coal-rock in Deep Coal Roadway Side-wall［J］. Geotechnical and Geological Engineering，2020，38（5）：4939-4948.

［24］ 陈坤福．深部巷道围岩破裂演化过程及其控制机理研究与应用［D］．徐州：中国矿业大学，2009.